EL PATRIMONIO MINERO DE LAS GRAMAS

HUELLAS DEL TIEMPO INDUSTRIAL EN LA ALTA MONTAÑA DEL PARQUE NACIONAL PICOS DE EUROPA

Serie: Geografía nº 28

El patrimonio minero de Las Gramas : huellas del tiempo
industrial en la alta montaña del Parque Nacional Picos de
Europa / Serrano Cañadas, Enrique, coaut. Valladolid:
Ediciones Universidad de Valladolid, 2024

162 p. : il. col. ; 24 cm. (Geografía; 28)
ISBN 978-84-1320-288-4

1. Arqueología industrial - España - Asturias. 2. Minas y
recursos mineros. Minas - Industria - España – Asturias. 3.
Patrimonio histórico Asturias (España) - Antigüedades. I,
Valladolid : Universidad de Valladolid, ed. II. Serie

622.33(460.12)(091):902
902:622.33(460.12)(091)

ENRIQUE SERRANO CAÑADAS[1]

LUIS JORDÁ BORDEHORE[2]

JAVIER SÁNCHEZ BENÍTEZ[3]

JOSÉ MARÍA MILLÁN TORRALBA[3]

MANUEL GÓMEZ LENDE[4]

RAFAEL JORDÁ BORDEHORE[5]

EL PATRIMONIO MINERO DE LAS GRAMAS

HUELLAS DEL TIEMPO INDUSTRIAL EN LA ALTA MONTAÑA DEL PARQUE NACIONAL PICOS DE EUROPA

[1] Dpto. de Geografía, GIR-Pangea, Universidad de Valladolid.

[2] Departamento de Ingeniería del Terreno. GI Mecánica de Rocas e Ingeniería Geotécnica, Universidad Politécnica de Madrid. Club Abismo GE.

[3] Club de Exploraciones Subterráneas ALFA. Madrid.

[4] Dpto. Geografía, Urbanismo y Ordenación del Territorio. Universidad de Cantabria.

[5] ONG Geólogos del Mundo.

En conformidad con la política editorial de Ediciones Universidad de Valladolid (http://www.publicaciones.uva.es/), este libro ha superado una evaluación por pares de doble ciego realizada por revisores externos a la Universidad de Valladolid.

© Los Autores. Valladolid, 2024

© Ediciones Universidad de Valladolid

Preimpresión: Ediciones Universidad de Valladolid

ISBN 978-84-1320-288-4

Diseño de cubierta: Ediciones Universidad de Valladolid

Fotografía de cubierta: Bocamina principal del complejo de Fuente Escondida en la ladera norte del Cueto de Las Gramas (Foto: Enrique Serrano)

Dep. Legal: VA 289-2024

Imprime: ULZAMA DIGITAL S.L.

ÍNDICE

I

INTRODUCCIÓN

PATRIMONIO Y PAISAJE MINERO

1.1. Patrimonio industrial, minas abandonadas y geoturismo

La minería ha dejado muchos vestigios en superficie y en el interior de la Tierra, hoy abandonados y afectados por múltiples procesos tanto naturales como inducidos por los humanos. La minería es capaz de generar, modificar o destruir las formas de relieve y los paisajes, al tiempo que la acción humana genera nuevas formas y procesos que incluso superan la efectividad de los procesos naturales (Goudie, 2006; Szabó et al., 2010; Schuchová y Lenart, 2020; Schuchová et al., 2023). Los restos mineros se consideran formas de relieve con dinámicas propias entre las que destacan las deformaciones de la superficie, principalmente subsidencias que conforman una fuente de geodiversidad, capaz de alojar incrementos de biodiversidad (Schuchová y Lenart, 2020). También constituyen eficientes sistemas de modificación de los procesos geomorfológicos e hidrológicos que se naturalizan una vez terminada su explotación (Mossa y James, 2013). Pero sobre todo las minas abandonadas constituyen un patrimonio industrial de primer orden capaz de generar paisajes humanizados procedentes de los espacios de trabajo y, además permiten, en ocasiones, el acceso a un patrimonio geológico, mineralógico y paleontológico imposible de apreciar en afloramientos. Las formas de relieve generadas por la actividad minera son un patrimonio que se revaloriza una vez el abandono es completo y ha pasado el tiempo del olvido de la vivencia, cuando los elementos están ya envejecidos, los procesos naturales actúan en el medio y las sociedades proyectan una nueva mirada cultural sobre la mina, sus infraestructuras y sus huellas. Cuando coinciden estas dinámicas, los paisajes, las infraestructuras y la propia mina adquieren un valor patrimonial, a veces con un fuerte arraigo identitario. Al mismo tiempo, las formas de relieve, los elementos e infraestructuras mineras, alcanzan un amplio potencial para el desarrollo del geoturismo al que acompaña el interés por su conservación y el uso educativo. Dado su escaso reconocimiento, se hace necesaria su revalorización y protección ante el peligro de su pérdida (Jordá y Jordá, 2011; Kubalíková, 2017). El valor geoturístico de la minería es una realidad que cumple ya más de tres décadas de desarrollo con actividades guiadas, rehabilitación o neoconstrucción de minas para uso turístico, con una especial incidencia en el desarrollo local y regional del denominado "patrimonio geominero" (Lócz, 2010; Lopéz-García et al., 2011; Mata-Perelló et al., 2017; Hose, 2017; Kubalíková, 2017; Evans et al., 2017).

Diferentes autores han señalado la importancia de las formas de relieve, naturales o antropogénicas, para el uso turístico, las necesidades de una valoración eficiente para su gestión (Serrano y González Trueba, 2005; Pralong, 2005; Pralong y Reynard, 2005; Kubalíková, 2013; Beranová at al., 2017; Kubalíková, 2017) y la necesidad de un exhaustivo conocimiento de las complejas relaciones entre minería y geoconservación (Brilha, 2014; Schuchová and Lenart, 2020; Schuchová et al., 2023). Todo ello cobra especial interés en espacios protegidos como los Parques Nacionales, santuarios de la naturaleza donde la huella humana está muy presente y aunque no domina en el paisaje, condiciona procesos actuales y aporta conocimientos sobre su historia reciente.

El patrimonio minero es un elemento singular y muy característico de los Picos de Europa, con un rasgo común, su emplazamiento en la alta montaña. Este patrimonio está fuertemente imbricado con el natural, al que se adapta, pues el medio condicionó tanto el desarrollo de las infraestructuras, externas e internas, como los ritmos de explotación. Pero también el medio natural ha sido modificado mediante las infraestructuras mineras y el uso de los recursos y el espacio, generando un verdadero espacio industrial en plena alta montaña.

Existen una gran cantidad de minas de zinc en el sector central y occidental de los Picos de Europa, coincidiendo principalmente con las provincias de Cantabria y Asturias. La primera fue líder mundial en producción de zinc durante el siglo XIX y también una de las regiones mineras más importantes de Europa. Es una minería difícil debido a las duras condiciones climáticas y que fue capaz de transformar el paisaje, mediante la construcción de bocaminas, escombreras, caminos, carreteras, edificios, hornos y teleféricos. La actividad minera modificó los elementos naturales, el relieve y el modelado, la hidrología o la vegetación, de modo que se puede hablar de un paisaje natural alterado por la actividad industrial y convertido en un paisaje minero. Hoy día constituye, pues, un paisaje industrial sobre un ambiente natural, donde el patrimonio arqueológico minero cobra importancia por su significación paisajística, cultural e histórica. De hecho, se han clasificado de paisajes mineros, humanizados más que naturales, algunos de los lugares más emblemáticos de los Picos de Europa como Ándara, Áliva,

Comeya o Los Lagos (Jordá et al., 2002; González Trueba y Serrano, 2010; González García y Gómez Lende, 2011; Jordá, 2016).

Cien años de abandono dotan a los elementos mineros de su consideración como patrimonio arqueológico industrial, pero la naturalización del paisaje y del medio tras el abandono confunde al observador, pues el paso del tiempo ha impuesto la roca como elemento preponderante y común de los paisajes de alta montaña y mineros. Y no sólo la roca, a la elevada frecuentación de estos parajes, que tuvo su máximo durante la explotación minera, le ha seguido una soledad sólo sustituida, en algunos puntos, por los turistas, que, guiados por rutas fijas, disponen de poco tiempo para las minas y no frecuentan estos espacios, en su mayoría marginales.

La minería ha dejado una profunda huella no sólo en lo físico, pues está presente también en la toponimia, significativamente sustituida por la minera en todos los Picos de Europa (Odriozola, 1978, 1980); en la canalización de flujos de científicos y escolares (González Trueba y Serrano, 2007), que en el pasado visitaban las minas y proyectaban sus trabajos en función de los caminos y casetones mineros; o de excursionistas y turistas en el presente. La infraestructura turística es hoy heredera de la minería en todos los Picos de Europa y son buenos ejemplos El Cable (teleférico de Fuente Dé), el hotel Áliva y numerosas rutas por caminos y sendas hoy muy frecuentadas como la carretera de Covadonga a los Lagos, el camino desde Espinama o las pistas de Tresviso y Liordes.

1.2. Paisaje minero

La actividad minera fue capaz de alterar el medio natural en su entorno más próximo y también alejado mediante las cortas de madera y la lluvia ácida de los hornos de calcinación (González Pellejero et al., 2001; VVAA, 2018). También ha construido una red de caminos desarrollada en el tiempo, unas veces completamente nueva, otras sobreimpuesta a la ya existente y en ocasiones modificando rutas mineras previas (García de Cortazar y Díez Herrera, 1982; González Trueba y Serrano, 2007; Ansola et al., 2014). Estas redes de caminos mineros alcanzaban lugares muy recónditos, a veces eran imperceptibles, a veces espectaculares, como los zigzagueantes caminos de los Tornos de Liordes o de Tresviso, entre otros muchos. La actividad minera ha generado redes de galerías, algunas someras, visibles en las paredes y depresiones, pero también profundas, mediante, incluso, la interceptación de cavidades naturales por las labores de extracción: los soplaos, que de este modo se supeditan a la propia mina. También interfieren en el modelado superficial, con proliferación de "pedreras" artificiales generadas por la acumulación de escombreras en las laderas y bocaminas. Finalmente, forjaron una cultura y unas técnicas mineras actualmente en desuso y desaparecidas en el Viejo Continente (Gutiérrez Claverol y Luque, 2000; Ballester et al., 2000; Kuschick, 2002, 2009). Todo ello configura hoy un paisaje minero (González Trueba y Serrano, 2010; González García y Gómez Lende, 2011) dominante en Ándara, los Lagos de Covadonga o Áliva, y más o menos naturalizado. Las huellas de la minería definen al Parque Nacional Picos de Europa y constituyen un importante patrimonio industrial, uno de los principales legados humanos en la alta montaña.

La explotación minera está fuertemente enlazada con el mineral, la razón de ser minera, el sustrato y la estructura geológica, a los que modifica mediante la propia explotación. Pero también con el relieve y el modelado, que usa y aprovecha para los accesos mineros, la ubicación de infraestructuras o como recursos para la construcción. La minería antigua genera un medio antrópico-natural muy intervenido por la actividad humana, con cambios hidrológicos, geomorfológicos y en detalle de paisaje, pero que no se sobrepone a la imagen de alta montaña. La minería es el último periodo capaz de remodelar el relieve, a un ritmo no geológico, que permite observar de modo directo dos aspectos, por un lado, la capacidad de alteración y modificación humana directa sobre el medio natural, y por otro la del medio para asumir e incorporar la acción humana tras el abandono y una naturalización más estética que dinámica, pues los cambios funcionales perduran en el tiempo. Son un testigo ejemplar de la imposibilidad de regresar a la naturaleza prístina una vez los humanos han intervenido sobre el medio, así como de las consecuencias de la explotación de la naturaleza con criterios de crecimiento insostenible y de esquilmación, propia de los siglos XIX y XX. Permite, pues, observar de modo directo una modificación rápida y enérgica a escala humana y una naturalización a escala geológica, que incorpora las alteraciones humanas y evoluciona en un sentido distinto a la naturaleza pre-minera. En Picos de Europa se transformó un paisaje natural en un paisaje minero en un breve espacio de tiempo, circunscrito a unos lugares muy concretos y dispersos por todo el macizo, para evolucionar con el abandono hacia un nuevo paisaje naturalizado. Es parte de la historia natural y de la historia humana del Parque Nacional Picos de Europa, y por tanto un elemento patrimonial de primer orden. Podemos hablar, con rigor, de los paisajes mineros de Picos de Europa.

Debemos señalar que en este trabajo se trata de labores mineras del siglo XIX y primera mitad del siglo XX. Hoy día, los condicionantes medioambientales y legales no permiten la apertura de labores mineras en entornos de este tipo (Parques Naturales o Nacionales y áreas de alta montaña de alto valor). Además, la minería del siglo XXI no es la de antaño, hoy día no se abandonan vestigios, las escombreras se reintroducen en el hueco creado y los avales medioambientales tratan de velar por la reconstitución del paisaje antropizado durante el periodo de actividad minero industrial.

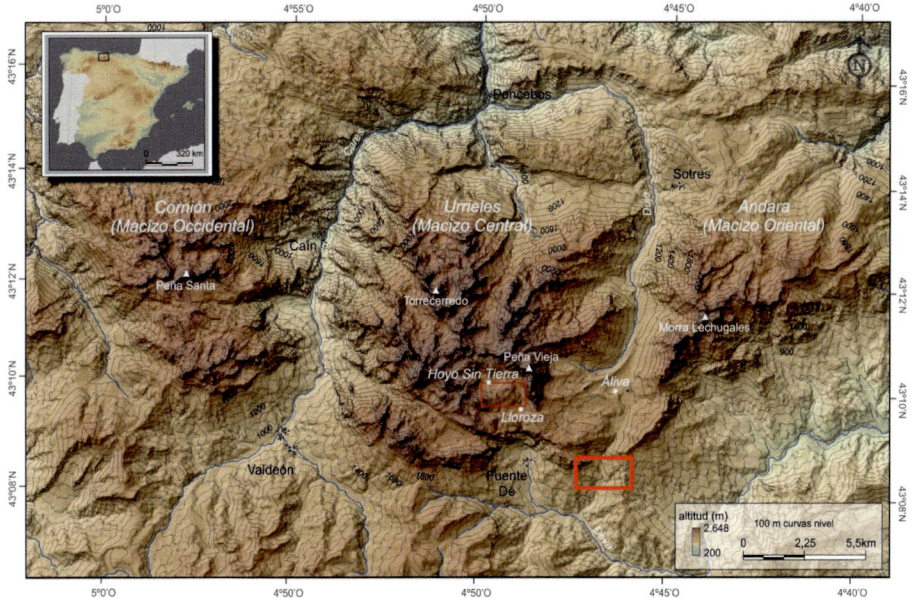

Figura 1.1. Localización del complejo minero de Las Gramas.

1.3. El complejo minero de Las Gramas. Localización y denominación

La mina Las Gramas se sitúa en los Picos de Europa, en el Macizo Central, en un resalte rocoso limitado por los Hoyos Sin Tierra al norte, los Hoyos de Lloroza al sur, La Vueltona al este y el collado de Fuente Escondida al oeste. Las diversas explotaciones, pertenecientes todas ellas al Grupo minero de Lloroza, se ubican entre 1850 y 2100 metros de altitud y ocupan aproximadamente 40 hectáreas (figuras 1.1, 1.2 y 1.3).

La denominación de "Las Gramas" se ha elegido porque es la más común en la actualidad para este sector de los Picos de Europa y los informantes locales de Espinama señalan este nombre o el de las Garamas para el complejo de pistas y restos mineros. A la entrada del complejo minero, sobre una roca vertical los mineros grabaron y pintaron diferentes símbolos y el texto Minas de las Garamas (figura 1.2). Pero son comunes otras denominaciones y autores como Mazarrasa (1930) usan el término Grama, o en documentos oficiales y planos aparece como Gramera y finalmente, en recientes cartografías, figura el topónimo Las Galanas para el promontorio de origen glaciar entre el Hoyo Sin Tierra y los Hoyos de Lloroza, y La Argarama en el mapa topográfico nacional a escala 1/50.000, ambos desconocidos para los informantes locales. Dada la fuente primaria de la denominación local, hemos optado por usar el topónimo "Las Gramas" tanto para el complejo minero como para el resalte topográfico donde se emplaza, el Cueto de Las Gramas.

Figura 1.2. Interpretación del grabado situado en el acceso al complejo minero de Las Gramas.

Dada la complejidad toponímica de los Picos de Europa, hábilmente analizada y expuesta por Odriozola (1978, 1980), quien consigna sucesivos estratos toponímicos con la minería como causante de nuevos topónimos sobreimpuestos a los vernáculos, podemos establecer que este topónimo es pre-minero. Los términos grama y garama son complejos, por cuanto pueden proceder de dos términos (garma, grama) con dos significados comunes en Cantabria, el de hierba (gramíneas, hierbas malas) o el de zona rocosa y cerros pequeños (Corominas, 1987; Gutiérrez, 2016). Los filólogos relacionan garama y garma, términos prelatinos, con lugares rocosos, cimas pequeñas, montes y peñas, como sinónimo de cueto, y garma en Cantabria significa superficie rocosa o lapiaz. Al mismo tiempo, grama y garama, como términos latinos hacen referencia a las gramíneas, herbáceas propias de estas altitudes que colonizan las depresiones y los débiles suelos entre las calizas. Estas gramíneas son especies basófilas que tapizan los suelos algo profundos entre lapiaces y conforman pastizales graminoides propios de ambientes templados y largamente innivados donde dominan las armerias (*Armeria sp.*, *Armeria cantábrica*) (Rivas Martínez et al., 1984, p. 65; Fernández Prieto y Bueno, 2013; Jiménez Alfaro et al., 2014). El topónimo procederá, en este caso, de los pastores que acudían a las laderas del Cueto y al Hoyo Sin Tierra con sus rebaños desde Lloroza.

En ambos casos se trataría de un topónimo vernáculo y adoptado por los mineros. Aunque ambas acepciones tienen un sentido geográfico en el Cueto de

Las Gramas, nos inclinamos por la interpretación vegetal, dada la conexión directa entre gramas y garamas y el uso ganadero del territorio anterior a la mina.

Figura 1.3. Cueto de las Gramas desde la cumbre de Peña Vieja. Se localizan las explotaciones mineras de Las Gramas (LG), Fuente Escondida (FE) y Altáiz (MA).

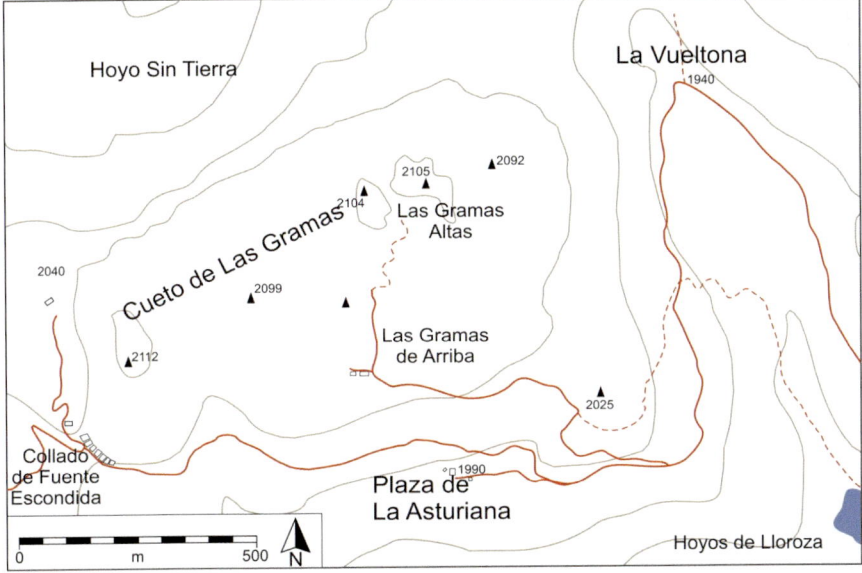

Figura 1.4. Mapa del Cueto de Las Gramas y lugares y topónimos referidos en el texto.

II

GEOLOGÍA Y GEOMORFOLOGÍA DE LAS GRAMAS

2.1. La geología de Las Gramas

Las rocas del sector de Las Gramas son las Calizas de Montaña de los Picos de Europa, en esta área caracterizada por los intensos procesos de dolomitización en relación con la fracturación. Estos materiales forman parte de la escama cabalgante hacia el sur que se superpone a las turbiditas de Fuente Dé (Marquínez, 1978, 1989; Martínez García y Marquínez, 1984) para conformar el enorme escarpe de 1200 m de desnivel. Por encima de ella se superponen la sucesión de escamas cabalgantes que arma el grupo Peña Vieja-Peña Olvidada. El afloramiento donde se sitúa el Cueto de Las Gramas está limitado al sur por una fractura profunda, en la que se alinean el collado de Covarrobres, Lloroza y la Canal de San Luis (figuras 2.1 y 2.2).

Los Picos de Europa están constituidos principalmente por calizas, con rocas dolomíticas intercaladas entre ellas y minoritarias en el conjunto. En algún caso existen calizas muy ricas en materia orgánica, calizas bituminosas, en estratos que cruzan algunas minas o afloran en superficie (Villa, 2023). Las dolomías están compuestas básicamente por carbonato de calcio y magnesio, que ocasionalmente presentan mineralizaciones de diversa índole, entre las que se encuentran los minerales metálicos de interés minero. Estos son las esfaleritas, el mineral primario de origen hidrotermal, y la calamina, procedente de su alteración meteórica y por tanto es un mineral secundario. En los Picos de Europa, las esfaleritas y calaminas se encuentran en las dolomías y no en las calizas pues las mineralizaciones de plomo y zinc se asocian a los procesos de dolomitización.

Entre la masa calcárea se hallan diferentes yacimientos e indicios minerales de plomo (Pb), zinc (Zn), mercurio (Hg) y bario (Ba), entre otros. Su presencia confirma la intensa circulación de fluidos hidrotermales que afectaron a las calizas en su base, donde se localiza la línea de despegue del manto y la fractura de la canal de San Luis.

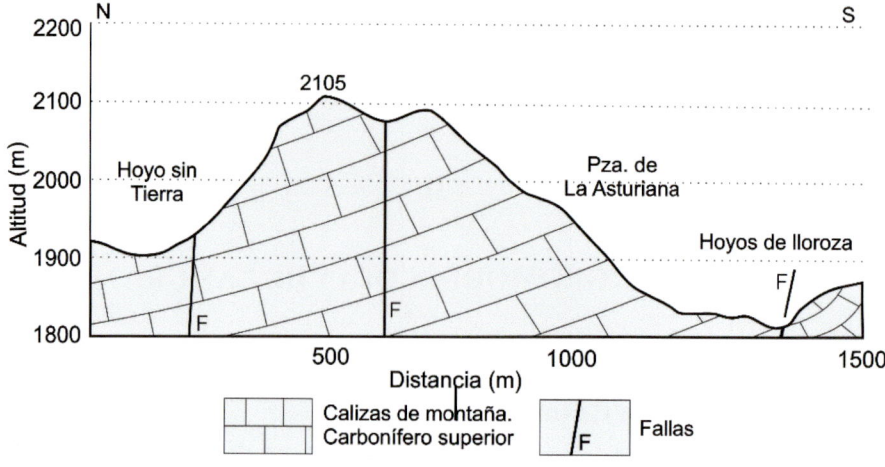

Figura 2.1. Perfil morfoestructural del Cueto de Las Gramas, emplazamiento del complejo minero.

Figura 2.2. Cabalgamiento norte-sur (2) en el Cueto de Las Gramas con calicatas mineras abiertas en vetas de mineralización (calcitas y óxidos férricos), asociadas con otras sales de plomo y zinc.

Figura 2.3. Bocaminas y cata minera abiertas en sendas fracturas con dolomitización en el Cueto de Las Gramas.

2.2. Los minerales y las mineralizaciones

La razón de ser de la minería en Lloroza y Las Gramas era la presencia de zinc y su valor para la industria. Los depósitos minerales de Zn-Pb de los Picos de Europa tienen su origen en una mineralización epigenética hidrotermal de temperatura moderada y alojada en las calizas intensamente dolomitizadas de edad Carbonífera, donde la fracturación, la dolomitización y la mineralización están interrelacionadas (Gómez Fernández et al., 2000).

En el distrito minero de los Picos de Europa se explotaban principalmente las calaminas (carbonatos o silicatos de zinc), en este caso una mezcla de hidrocincita y smithsonita (carbonatos de zinc), minerales de alteración de la esfalerita (el sulfuro de zinc primario), y sólo ocasionalmente se obtenía el sulfuro de zinc primario. Esta mineralización tuvo lugar durante las fases tectónicas extensivas del Pérmico y se han detectado dos tipos de mineralización, una que sucede primero, con esfalerita marrón oscuro, galena y dolomita, y una posterior de esfalerita, galena y calcita (Gómez Fernández et al., 2000).

Minerales		Denominación		Caracteres
Grupo	Mineral			
Sulfuros	Sulfuro de plomo PbS	Galena		Principal mena del plomo
	Sulfuro de zinc ZnS	Esfalerita	Blenda	Principal mena del zinc
			Blenda acaramelada	
Silicatos	Silicato de zinc Willemita, $Zn_2(SiO_4)$	Calaminas		Mena principal de zinc en Las Gramas, contiene un 54% de zinc.
	Silicato de zinc Hemimorfita, $Si_2(OH)_2$			
Carbonatos	Carbonato de zinc Smithsonita, $ZnCO_3$			
	Carbonato de zinc Hidrocincita, $Zn_5(CO_3)_2(OH)_6$			

Cuadro 1.3. Minerales de los que se extrae el plomo y el zinc en las minas de
Las Gramas y Las Manforas (Áliva).

En Lloroza, Mazarrasa (1930) señala:

"en estos criaderos el relleno está formado por calamina (carbonato de zinc) de textura compacta y concrecionada, cuya ley en crudo llega a 47 por 100 de zinc y calcinada de 55 a 56 por 100. Contiene algo de plomo (galena) y de blenda. En las minas Altáiz, Merejuno, Esperanza, etc, más al O. y al S. de las Gramas, se han trabajado también otros criaderos análogos en su dirección y buzamiento y en su constitución mineralógica…" (Mazarrasa, 1930 p. 676).

La mineralización está asociada a los procesos de dolomitización relacionados con fracturas, de modo que el mineral se extrae en las dolomías y está ausente en las calizas. El mineral se encuentra en vetas de 1 a 1,5 metros de ancho entre las dolomías intercaladas en la masa de calizas (figura 2.3) y alcanzan desarrollos longitudinales del centenar de metros.

El mineral de zinc posee una estricta distribución en las vetas, de modo que las calaminas se ubican en la parte superior de alteración de las vetas y masas mineralizadas y los sulfuros-esfalerita en la parte inferior.

En la mina de Las Gramas, así como en casi todas las minas de los Picos de Europa, las vetas de mineral de esfalerita-calamina están alojadas en las dolomías marrones pálidas, no en las calizas. Por otro lado, el karst se desarrolla mayoritariamente en las calizas. Las mineralizaciones principales de plomo-zinc del entorno están asociadas a los procesos de dolomitización relacionados con las fracturas. Podemos concluir, en términos generales, que no hay mineral en el ámbito kárstico a excepción de algunos rellenos kársticos de óxidos de hierro y manganeso, así como minerales secundarios de zinc removilizados. Las simas y galerías de las cuevas y las dolinas no fueron ensanchadas artificialmente por la minería y tienen la misma forma que cuando las descubrieron los mineros. Solo en ciertos puntos se cavaron pasajes para conectar la mina con las galerías y simas.

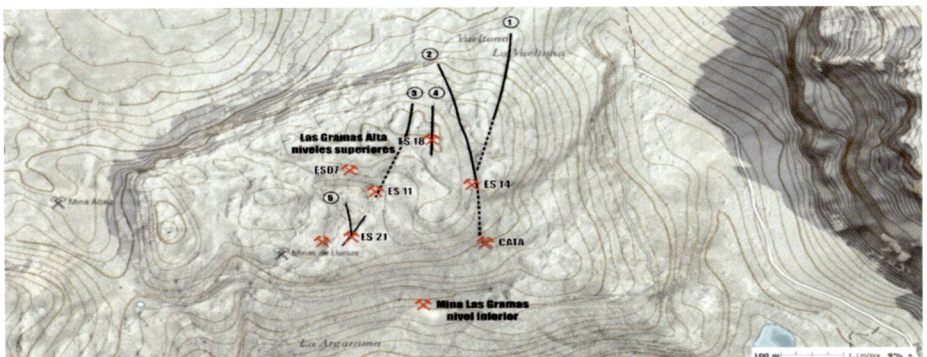

Figura 2.4. Detalle de la distribución de minas y calicatas en el Cueto de Las Gramas, aprovechando fracturas (fallas y diaclasas) con presencia de mineralización (bolsadas o criaderos).

La mineralización generada en fracturas (fallas y diaclasas) donde se alojan bolsadas o criaderos condicionan la distribución de las minas y las calicatas del Cueto de las Gramas alineadas en direcciones N-S y NNE-SSW (figura 2.3, 2.4 y 2.5).

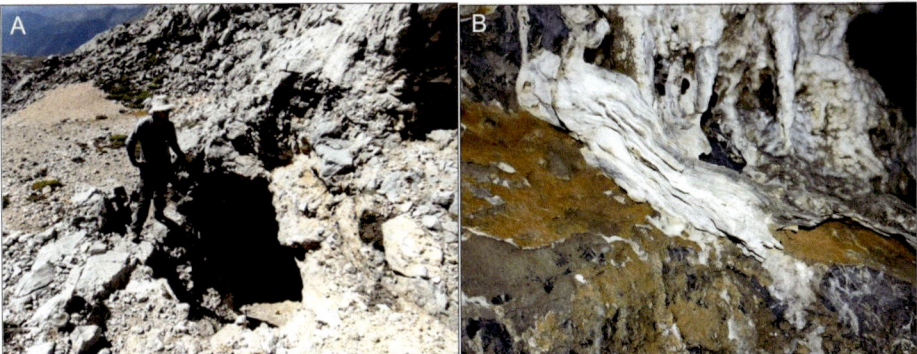

Figura 2.5. A, bocamina excavada bajo un afloramiento mineral de cristales de calcita en una línea de falla en el Cueto de Las Gramas. B, mineralización en la ES18.

El ingeniero de minas José Manuel de Mazarrasa, hijo del fundador de la empresa Minera de Ándara, publicó un informe sobre todos los yacimientos grandes y pequeños conocidos en la época en la provincia de Santander (actual Cantabria), tales como La Florida, Reocín, Udías y por supuesto los de los Picos de Europa (Mazarrasa, 1930). En la publicación se incluyeron profusión de planos, croquis y descripciones pormenorizadas de las instalaciones de tratamiento de mineral y las minas. En la última entrega, indicado como conclusión, firman en Santander a 25 de marzo de 1924 el ingeniero J.M. Mazarrasa (en la revista figura J.M. de Mazanara) con el visto bueno del ingeniero jefe Fernando Molina y el auxiliar facultativo G. Isaac Arias. En un número posterior de ese mismo año se aclara que el autor del informe es J.M. de Mazarrasa y que la fecha del mismo es 30 de marzo de 1923. El informe indica que en el sector de Lloroza y Liordes "la principal, casi única, explotación actual es la mina Gramas y Altáiz, de la Real Compañía Asturiana".

Creemos que se trata de un informe de la Jefatura de Minas que emplea el término criadero, como era común en esa época, en lugar de yacimiento, siendo equivalentes. En la entrega referente a Picos de Europa: criaderos de Lloroza y Liordes (Mazarrasa, 1930 pp. 676-677) se encuentra la única descripción existente de las minas de Las Gramas a cargo de un ingeniero que las visitó durante su explotación. El estudio especifica que en Las Gramas se trabajan dos filones encajados en caliza de montaña cuya dirección es N 60° O y que inclinan 40 a 45° al NE.

"Se ha cortado por transversales en dos niveles distintos, con potencias en la zona mineralizada que varía entre 1 a 1,5 metros, y se han reconocido en dirección en unos 50 a 60 metros…".

Prosigue la descripción de las minas, donde expone que "la mayor profundidad alcanzada por las labores está comprendida entre 90 y 120 metros desde superficie; parece que en estos criaderos de Lloroza las fracturas se cierran rápidamente en profundidad". Indica igualmente que estos filones se pueden seguir en superficie por afloramientos a lo largo de una longitud de 700 a 1000 metros desde Peña Vieja hasta Hoyo Sin Tierra. Pero la mineralización en Las Gramas, conforme a nuestras observaciones, también se concentra en áreas de poca extensión, lo cual parece contradecir tanto la observación de los 700 a 1000 m de desarrollo como su interpretación filoniana cuando afirma:

"en sentido vertical forma columnas desarrolladas preferentemente a lo largo de los soplaos, huecos o ensanchamientos verticales, de grietas filonianas, que en muchos sitios, parecen haber constituido la vía de acceso de los minerales primitivos" (Mazarrasa, 1930).

Estas descripciones creemos distan mucho del modelo metalogenético del yacimiento ya que por aquel entonces no eran conocidos muchos procesos. La karstificación del macizo y la formación de los soplaos y cavidades es posterior a la mineralización y no hay mineral sulfurado ni calaminas en los sectores de soplaos y cuevas, sino que estas se desarrollan en zonas de calizas y la mineralización está asociada a la dolomitización.

2.3. La geomorfología: un umbral glaciar

Las minas de Las Gramas y Fuente Escondida se emplazan en un umbral glaciar, resalte localizado entre dos cubetas glaciokársticas, generadas por la disolución de las calizas y la sobreexcavación glaciar, y en un valle glaciar cuyo circo se localizaba en las crestas de Tiro Llago, Torre Blanca y Tesorero. El glaciar existente durante el Pleistoceno superior (figura 2.6) descendía hacia Fuente Dé y Pido, con un espesor de más de 300 m, capaz de modelar sucesivas cubetas de sobreexcavación (Hoyo Sin Tierra y Lloroza) y umbrales glaciares (Cueto de Las Gramas y escarpe de Fuente Dé) para alcanzar su frente hasta Pido. Las cubetas glaciokársticas que separa el umbral de Las Gramas son, pues, al norte el Hoyo Sin Tierra y al Sur la Canal de San Luis y los Hoyos de Lloroza (figura 2.7).

El umbral glaciar constituye un resalte de calizas pulimentado por el hielo, que lo superaba durante la última glaciación, con un glaciar de cerca de 300 m de espesor en este punto, desplazándose hacia el sur para caer sobre Lloroza, y dirigirse hacia el escarpe de Fuente Dé, donde generó una gran cascada de hielo. El posterior avance glaciar, sucedido durante el Dryas, en torno a 14.000-11.000 años, no afectó a la culminación del umbral, aunque sí a su ladera norte, donde se alojó un pequeño glaciar de 300 m de longitud y 180 m de ancho (figuras 2.6 y 2.7), del mismo periodo que las morrenas de Lloroza. La Pequeña Edad del Hielo, un breve enfriamiento entre los siglos XIV y XIX, afectó a los Picos de Europa, con restos actuales de al menos cinco glaciares en los Urrielles, pero no al Cueto de Las Gramas, en cota muy baja.

La acción glaciar profundizó las cubetas y erosionó las zonas somitales del Cueto, por una parte, remodelando con formas pulidas y redondeadas las porciones más altas, y por otra, descabezando las simas que hoy afloran en la superficie a modo de pozos de dimensiones muy variables. Estas simas conectan con un complejo sistema kárstico entre las que se encuentran las cavidades ES7, ES09, ES10, ES18, ES19 y ES21 y cuevas heladas como la ES20 (Sánchez, 2021, 2022a; 2022b) y que algunas de ellas (ES7, ES09, ES18 y ES21), han interferido también con la mina. El Cueto se mantendrá libre de hielo desde hace más de 15.000 años, en un ambiente periglaciar, donde los ciclos de hielo-deshielo y la termoclastia, junto a los procesos kársticos como la disolución de las calizas en superficie, deterioraron en detalle el modelado glaciar, en particular las microformas de erosión -estrías, surcos- hoy prácticamente desaparecidas.

Figura 2.6. Extensión de los glaciares sobre el Cueto de Las gramas. Izquierda, durante el máximo glaciar, con más de 350 m de espesor de hielo. Derecha, periodo Finiglaciar, con pequeños glaciares de circo en la vertiente norte.

Los lagos de Lloroza se generarían en el Dryas, a favor de unos glaciares de dimensiones moderadas que ocuparían el pie de las grandes paredes de Peña Olvidada y formando las morrenas frontales de Lloroza (Serrano et al., 2012; 2013; 2017). Tras la retirada de los hielos, los arcos morrénicos y el till -material de origen glaciar con alto contenido en arcillas- represarían y sellarían las cubetas para propiciar la aparición de tales lagos, elementos verdaderamente singulares de los Picos de Europa (Serrano y Trueba, 2005; González Trueba, 2007).

En este ambiente glacio-kárstico (figura 2.7), durante los últimos 15.000 años, desde el final del Pleistoceno, todo el Holoceno y en la actualidad, las huellas glaciares menores -pulimentos, estrías- han sido afectadas por la disolución de las calizas y han dado lugar a formas menores sobre su superficie, como los lapiaces nivales que modelan el sustrato y las dolinas de Lloroza y el Cueto (figura 2.8). Estas formas derivan de la disolución superficial de la caliza, a favor de la aportación constante y lenta de aguas frías durante gran parte del año por la fusión nival. De este modo las calizas se modelan, en detalle, por un sinfín de formas asociadas al karst nival, dominadas por una amplia variedad de los lapiaces, kamenitzas y dolinas. Se trata, pues de un paisaje glaciokárstico en el que se inscriben las explotaciones mineras, aprovechando los recursos geológicos -minerales- y alterando la geomorfología.

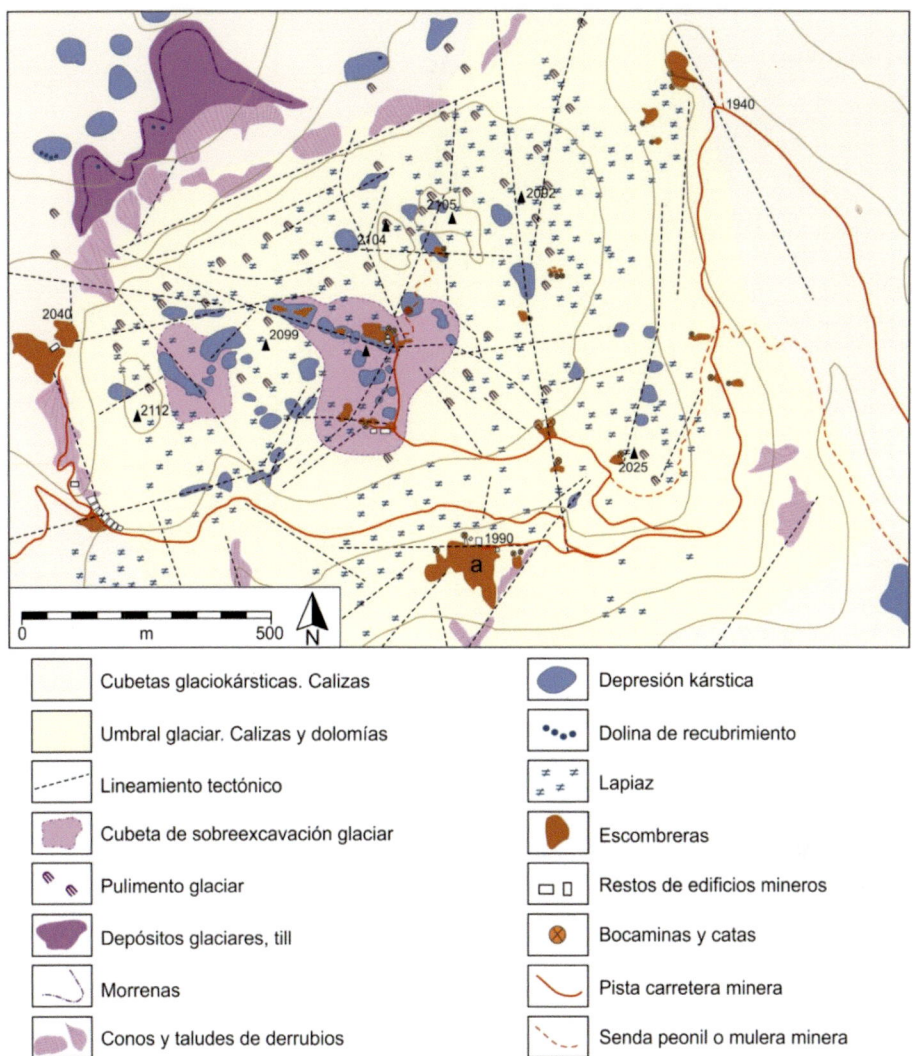

Figura 2.7. Esquema geomorfológico del Cueto de Las Gramas. a, plaza de La Asturiana.

Figura 2.8. A, cubeta glaciokárstica de Hoyo Sin Tierra y umbral glaciar del Cueto de Las Gramas. B, abrasión glaciar en la parte alta del Cueto de Las Gramas y modelado kárstico, con lapiaz y simas remodelando la morfología glaciar.

Figura 2.9. Lapiaz nival en la ladera sur del Cueto de Las Gramas (Fotografía, B. Hivert).

III

LA MINERÍA DE LAS GRAMAS Y SU CONTEXTO MINERO

3.1. Evolución de la minería en el sector central de los Picos de Europa y Las Gramas

Los antecedentes de la minería en Picos de Europa se remontan al siglo XVI e incluso antes, con la minería romana, pero en 1845 aún no existía en los Picos una explotación sistemática de los minerales (Gutiérrez Claverol y Luque, 2000; Gutiérrez Sebares, 2007; Santos, 2017). El grabado de la plaza de La Asturiana señala una posible actividad minera en las Gramas hacia 1830, sólo cinco años más tarde de la promulgación de la primera Ley de Minas, pero los primeros registros mineros realizados en Camaleño datan de 1844, una mina de plomo, y 1847, de antimonio (Gutiérrez Sebares, 2007). En la década de los 50 del siglo XIX la Real Compañía Asturiana de Minas realizó una labor de prospección y explotación con el objeto de abastecer su planta de tratamiento de minerales de zinc en Arnao (Avilés, Asturias). Bauzá (1860) cuenta como la labor del ingeniero Julián Peña fue fundamental, pues aunque no encontró los minerales que buscaba la compañía en los Picos de Europa, sí hizo constar la presencia de calaminas que ofrecían un importante potencial minero, iniciando la denuncia de multitud de minas en la zona (en Gutiérrez Sebares, 2007). Entre el 25 y el 30 de septiembre de 1857 el ingeniero Andrés Alcolado realiza labores de reconocimiento y demarcación de las minas previamente denunciadas en Camaleño. Estos trabajos denotan que el inicio de las explotaciones en Áliva data de 1856 (Gutiérrez Claverol y Luque, 2000; Gutiérrez Claverol, 2003; Gutiérrez Sebares, 2007). No hay mención ninguna aún a Lloroza o Las Gramas.

A partir de este momento, la minería se expande en los Picos de Europa, y una década después la febril actividad en el Macizo Central dejará una huella indeleble sobre estas montañas calcáreas. Ándara, en el macizo oriental; Buferrera, Comeya y Los Lagos de Covadonga en el macizo del Cornión, y Áliva en el macizo de Los Urrieles, son los lugares donde la minería transformó en mayor medida el paisaje (Saint Saud, 1922; Pidal y Zabala, 1918; Mazarrasa, 1930; Gutiérrez Claverol y Luque, 2000; Gutiérrez Claverol et al., 2006). En el Macizo Central la principal actividad minera se concentró en Áliva, Liordes y Lloroza donde se implantó y se beneficiaron mediante explotaciones mineras diferentes menas minerales.

La explotación del grupo de Lloroza se inicia a finales del siglo XIX, ya con una organización industrial. Aunque los primeros registros mineros de Lloroza datan de 1857 (Santos, 2018), parece ser que las primeras explotaciones son de 1868 y 1869 cuando beneficiaba este sector la compañía belga "Societé Anonyme des Mines et Fonderies de Zinc de la Vieille Montagne", empresa procedente de la "Societé de la Vieille Montagne" (La Vieja Montaña), la mayor compañía productora de zinc del mundo en el siglo XIX. En 1870, tras una campaña para el crecimiento de la demanda, el precio del zinc en España es muy alto y aunque el mercado español es minoritario los beneficios son elevados para la compañía (Chastagnaret, 2001). Esta empresa situó ya en 1873 el casetón principal en Lloroza, a escasos metros del lago inferior, camino de El Cable. Desde este punto se gestionaban los trabajos realizados en las múltiples calicatas y bocaminas que comprendían los sectores del propio Lloroza (La Jenduda, Lloroza, Covarrobres), de la Canal de San Luis, la Padiorna, Las Gramas, Fuente Escondida y Altáiz. Todo ello a favor de un alza de precios en España y la demanda europea. Pero desde 1876 es la también belga "Compagnie Royal Asturienne des Mines" (RCAM) la que explota las minas y construye o modifica la mayor parte de las infraestructuras mediante importantes inversiones (Gutiérrez Claverol y Luque, 2000; Gutiérrez Sebares, 2007; Ansola et al., 2014). La Vieille Montagne vende las minas españolas a la Real Compañía de modo que la RCAM tiene el patrimonio de los recursos minerales cantábricos de zinc y el monopolio en España, y el mercado francés se lo reparte con la Vieille Montagne para constituir un cartel europeo (Chastagnaret, 2001). Esta situación empresarial favorecerá la explotación del mineral de zinc en los Picos de Europa y la expansión en la alta montaña.

La actividad minera en Lloroza estuvo implantada durante unos 50-55 años. Acorde con los precios y las necesidades del mercado internacional, el zinc conocerá periodos de mayor dinamismo reflejado en la actividad minera, tales como 1870-1880, 1900-1907, 1913-1918 o 1923-1927, con especial importancia del periodo de la primera guerra mundial. Con la crisis bursátil e internacional de 1929, y la del zinc en particular, cesó el laboreo de forma repentina (Gutiérrez Claverol y Luque, 2000), tanto en Picos de Europa como en la mayor parte de la montaña, con una reducción de la producción de un 56,7% (Ortega Valcárcel, 1986). Según la "Estadística comercial e industrial de la provincia de Santander" la concesión de la Real Compañía Asturiana en Lloroza tenía 31 obreros y una producción de 484 Tm de zinc en 1909. Pero tras la primera guerra mundial se producirá el cierre de numerosas explotaciones que afectará a Las Gramas, y las que perduraron cerraron 10 años después, entre 1927 y 1929. En este periodo podemos dar por concluido el ciclo minero en el entorno de Lloroza. Aunque la minería se mantendrá en los Picos de Europa, en Áliva en particular, reabriéndose en 1946 y con el cierre definitivo en 1989, podemos establecer que tanto Las Gramas como Altáiz dejaron de explotarse a finales de los años 1920. Mazarrasa (1930) señala en su informe de 1923 que aún estaba activa la mina de Las Gramas, como también la de Altáiz, de tal modo que cerrarían entre 1924 y 1929.

3.2. Labores mineras y minerales en Las Gramas

La mina de Las Gramas se organizaba como un espacio industrial moderno con áreas especializadas en las diferentes labores (extracción, selección, tratamiento, transporte, atención a los trabajadores), y aún se conservan los retazos de esa organización espacial. Era una explotación pequeña pero bien organizada. Si bien los restos son pocos, la huella, sobre todo escombreras, bocaminas y ruinas de poblados, son expresivas de las labores realizadas en Las Gramas. Saint Saud (1922) describe con profusión de detalles al personal que trabajaba en las minas de Ándara, que sería muy similar al de Lloroza y Las Gramas. "Cada mina tiene a su mando un capataz", y bajo su dirección trabajaban "barreneros" -los mejor pagados por ser los profesionales más cualificados-, "escombreros", "muchachos", jóvenes de 14 a 16 años dedicados a ayudar en las fraguas, llevar la comida al tajo y hacer pequeños trabajos en el laboreo, "carreteros", "rancheros", ocupados en cocinar y atender la tienda, y "mujeres", trabajando en la selección del mineral previa al lavado. Si los tres primeros se ocupaban de las labores del interior de la mina, los restantes trabajaban al exterior.

En torno a la mina se construían "casetones", construcciones de dimensiones modestas destinadas al alojamiento de los mineros, del ganado de tiro, almacenes, fraguas y oficinas. Las fotos y grabados existentes de Lloroza, Liordes, Áliva o Ándara, muestran casetones de piedra, los más numerosos, con techumbres de lata a dos aguas y un sólo piso con sobrao, y sucesión de edificios adosados para el personal, los animales y los almacenes. El casetón de Lloroza, en una foto realizada a principios de siglo, muestra construcciones en madera adosadas al edificio principal (figura 3.1). El uso de madera será el responsable, junto al clima de alta montaña, de los exiguos restos de estos profusos casetones, hoy señalados por muros que pocas veces superan el metro de altura.

Figura 3.1. Casetón de la Real Compañía Asturiana en Lloroza (en Gutiérrez Claverol y Luque Cabal, 2000).

En Lloroza, Fuente Escondida, Las Gramas o Altáiz se aprecian las agrupaciones de casetones mineros que generarían un aspecto de poblados industriales. La presencia de ladrillos de refracción en cantidades exiguas, indican aquellas ruinas que estaban destinadas a cocina y ocupadas por los "rancheros". El tamaño de los casetones y su ubicación también dan una idea de su destino, como albergue para mineros, centro administrativo, almacenes o talleres (fraguas, carretería, madera). Podemos imaginar en las pistas carreteras que desde La Vueltona comunican la plaza de la Asturiana, Las Gramas Altas y Fuente Escondida hasta Altáiz (figura 3.2), una agitada actividad, quizás un barullo de movimientos que denotan la organización minera. Los mineros afanados en los tajos y el laboreo de las menas estaban ocultos; pero al exterior, las trabajadoras y trabajadores seleccionando el mineral, los carreteros transportando hacia arriba viandas, maderas, hierro, para descender con el mineral hacia El Cable o Áliva, los muleros llevando el mineral de las bocaminas a las plazas y pistas carreteras, los muchachos porteando mineral, el rancho o los útiles al interior de la mina, los escombreros sacando el mineral hasta la bocamina y los trabajadores especializados reparando herramientas o maquinaria, configuraban una comunidad visible y afanada que colmaban de vida la alta montaña. Una vida de trabajo por encima de 2000 m de altitud y bajo tierra, concentrada en los meses de verano de unas pocas décadas, pero capaz de modificar la topografía, los usos, los topónimos, los ecosistemas, el paisaje en definitiva.

	Interior	Exterior
Complementos	Capataz	
Mina	Barreneros	Carreteros
	Escombreros	Rancheros
	Muchachos	Mujeres
	Madereros	Herreros

Tabla 3.1. Oficios y cargos mineros en Picos de Europa según Benigno Arce (Arce, 1860).

Figura 3.2. Casetón y pistas del complejo minero de Fuente Escondida en Altáiz.

3.3. El método minero y las labores subterráneas en Las Gramas

La roca encajante que aloja los minerales tiene una buena calidad geotécnica (resistente) y, por lo tanto, una buena estabilidad (se sostiene sin necesidad de refuerzos), de modo que solo en algunos lugares, en las galerías y las cámaras, se necesitan entibados de madera. En algunas galerías es posible apreciar techos de hojalata para mantener el agua alejada del centro de la galería. Las estructuras de madera que se conservan en el interior de las minas son los testeros o plataformas para trabajar en la extracción del mineral y avanzar hacia arriba y a lo ancho de la cámara durante la perforación y excavación. Muchos de estos testeros, y muchas de las plataformas están todavía en su lugar (figura 3.3).

Los métodos mineros aplicados en Las Gramas para vaciar las cámaras más pequeñas con vetas verticales y bolsadas eran la utilización de testeros o plataformas de madera y la acumulación de los derrubios de mineral de mala calidad en rampas.

Figura 3.3. Testero en la sala del Minero Loco.

El proceso minero era complejo, necesitando de obreros especializados en las distintas labores mineras. Primero se excava una galería en roca estéril hacia una veta de mineral conocida o supuesta. Esta veta a menudo se ha detectado previamente en otros afloramientos o se sigue la dirección de las vetas de otras galerías contiguas. Una vez que la galería corta la veta con mineral, los mineros comienzan a excavarla y extraer el mineral hacia arriba y hacia abajo, de tal modo que se crea una cavidad. Para excavar hacia abajo se hace uso de pequeños tornos con baldes para izar tanto el mineral como el estéril, y cuando la presencia de agua entorpece el proceso se extrae de la misma forma. Avanzar en vetas angostas hacia abajo es un labor muy ardua y poco eficaz, por lo que, si la veta prosigue, se construye otra galería a un nivel más bajo para progresar hacia arriba. Lo más habitual es proseguir las vetas verticales hacia arriba, de tal forma que el mineral cae por gravedad y no hacen falta tornos para elevarlo. El material se saca por la propia galería, llamada de "arrastre". La cuadrilla que perfora, pone explosivos y palea el mineral no puede trabajar alturas mayores de dos metros, por lo que según se avanza hacia arriba y en dirección se van haciendo rampas, montones de roca estéril o andamiajes (plataformas y escalas) para trabajar sobre ellos. Se dejan zonas de paso para mineros (escalas) y rampas y volcaderos (tolvas) para el mineral (figura 3.4). Parte del estéril se deja in situ y parte se extrae con el mineral, de tal modo que el estéril y el mineral se sacan al exterior de forma separada. El mineral no es puro y a menudo está adosado a impurezas y restos de roca de caja. En cuanto al drenaje, al avanzar hacia arriba el agua cae y sale por los niveles inferiores de arrastre por canaletas o bien prosigue su curso por los conductos kársticos. Cuando el yacimiento es más grande, se excavaban galerías y pozos secundarios dentro del mismo yacimiento, a diferentes cotas, generando subniveles. Estos existen en Las Gramas Baja, con grandes salas como la del Minero Loco, y en las galerías escalonadas de La Gramas Altas.

En el interior de la mina el maderamen sólo se usaba para construir testeros y plataformas pues la mina no está entibada más que en zonas muy concretas. Estas son las del paso de estratos de calizas carbonosas más deleznables, que en el caso de la mina de Las Gramas de Abajo se ha hundido con el paso del tiempo.

El proceso de extracción implica que cuando los mineros excavan una cámara y no alcanzan a seguir extrayendo mineral, preparan otra plataforma más arriba y continúan el laboreo. De este modo, mediante la técnica ascendente aprovechan la gravedad, pues el mineral cae desde las plataformas a la galería inferior donde se transporta a la superficie mediante galerías horizontales de transporte y vagonetas, o en algún caso, como en Las Gramas de Arriba, mediante pozos. En ambos casos el mineral se evacúa a través de las galerías inferiores mientras que los desechos y la roca estéril se dejan en su lugar como parte de las plataformas o rebajes de llenado. Las partes de menor calidad del cuerpo mineralizado no se excavan y se dejan como pilares o apoyos horizontales para los mineros. Si los mineros detectan pozos naturales en las calizas, cavan una pequeña galería y utilizan los huecos kársticos para moverse (usando escaleras) o para el transporte de minerales hacia las porciones bajas. Algunos sectores de la cueva ES7, como el Gran Soplao, eran usados como escombrera si la distancia a la bocamina era muy grande y presentan gran cantidad de escombros en su fondo.

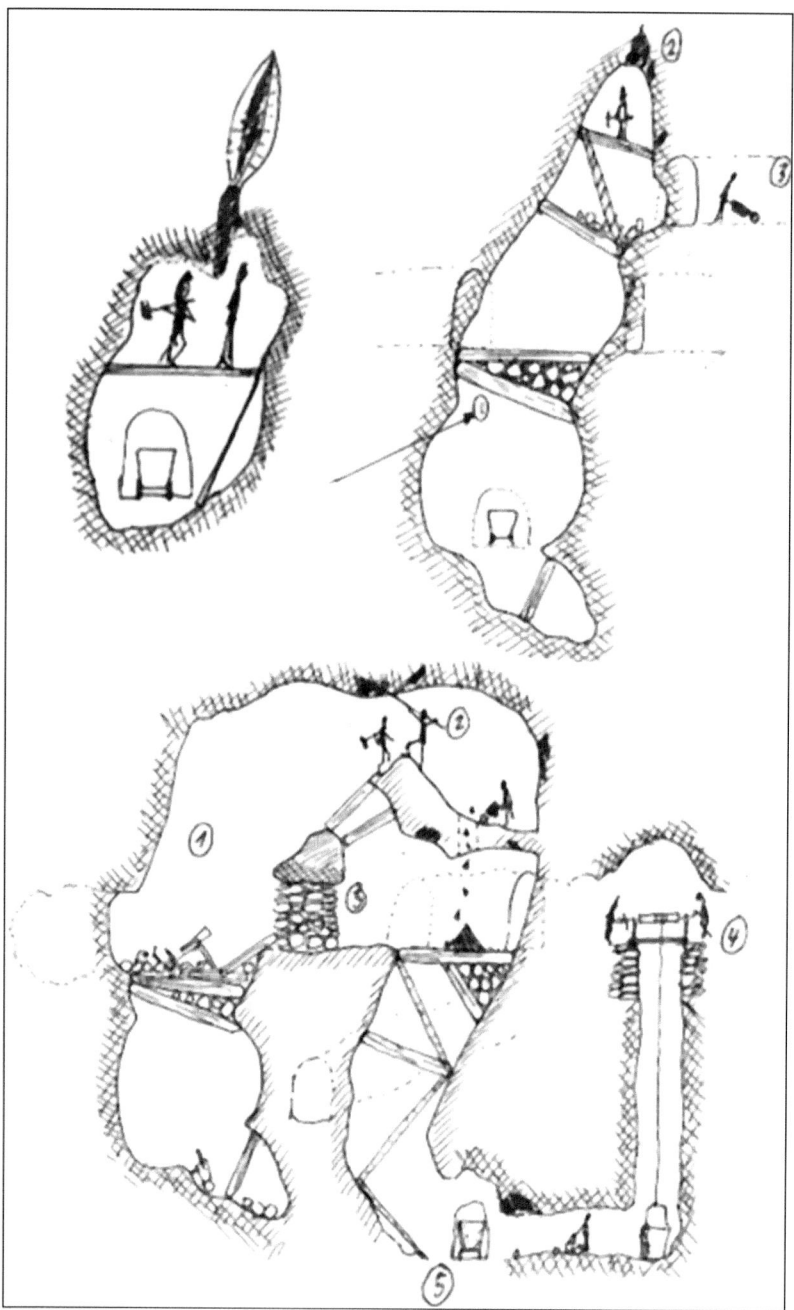

Figura 3.4. Esquema del desarrollo de una cámara por realce. Arriba: 1, testero. 2, mena. 3, transporte de mineral mediante carretillas. Abajo: 1, sala o galería. 2, barrenado. 3, Muro de apoyo para entibado. 4, cabestrante para elevar material a las galerías superiores. 5, transporte de mineral mediante vagonetas por raíles.

3.4. La historia y evolución de las labores mineras

Las Gramas es la labor minera más original e ingeniosa de este sector de los Picos de Europa. El depósito de zinc y plomo (Zn-Pb) está atravesado por una enorme cavidad kárstica de desarrollo vertical (no mineralizada), un soplao, que los mineros usaban para desplazarse y descargar el mineral. El yacimiento es un pequeño depósito de calaminas, esfalerita y galena, subvertical y en bolsas de mineral (es decir, sin continuidad), que fue explotado de abajo arriba en galerías y pozos subterráneos. La mina se centró principalmente en la explotación de carbonato de zinc (un tipo de calamina) en las dos primeras décadas del siglo XX.

En el sector de Las Gramas hay dos modalidades de explotación diferenciadas en el tiempo. Por un lado, las calicatas y bocaminas de escaso desarrollo, y por otro la minería subterránea *sensu stricto*. Las primeras eran excavaciones de pequeños túneles, de unas pocas decenas de metros de longitud, en las que se explotaba una veta hasta su terminación o hasta que dejaba de ser rentable la explotación del mineral. Están formadas por una pequeña bocamina, un desarrollo escaso, hacia arriba, horizontal o hacia abajo dependiendo de la veta o la bolsada, y una escombrera en la boca donde se acumulaban los escombros y servía de plataforma para las labores de carga para mulas o carretas.

La configuración de la mina y su legado como patrimonio industrial es fruto de un proceso paulatino de explotación desde que fue descubierta la presencia de mineral (figura 3.5) hasta su explotación como mina subterránea. Las primeras explotaciones se realizaron en los afloramientos de mineral de calamina y galenas y blendas alteradas de la parte superior del Cueto de Las Gramas.

Las labores mineras de finales del siglo XIX y primeros años del siglo XX pueden observarse en la figura 3.5b. En este periodo se excavó la parte superior del Cueto de Las Gramas y los mineros siguieron tanto la continuación del cuerpo mineralizado hacia abajo como los grandes pozos kársticos. En ese momento el mineral se evacuaba por la parte superior de la mina, utilizando un camino carretero.

Durante las décadas entre 1910 y 1929 se desarrolla la mina de Las Gramas al completo. Dado que la masa mineral continuaba hacia abajo y que las condiciones empezaban a ser incómodas, pues se superponen la extracción y el avance, deciden construir infraestructuras interiores fuera de la zona mineralizada, en estéril. Se excava la gran galería y se interceptan por casualidad pequeños soplaos al tiempo que se descubren las bolsadas de mineral inferiores. Se preparó un paso interno de acceso a la sala del Minero Loco utilizando el denominado Soplao de las Escalas y se excavaron galerías para explotar y conectar entre sí y con los soplaos las zonas mineralizadas.

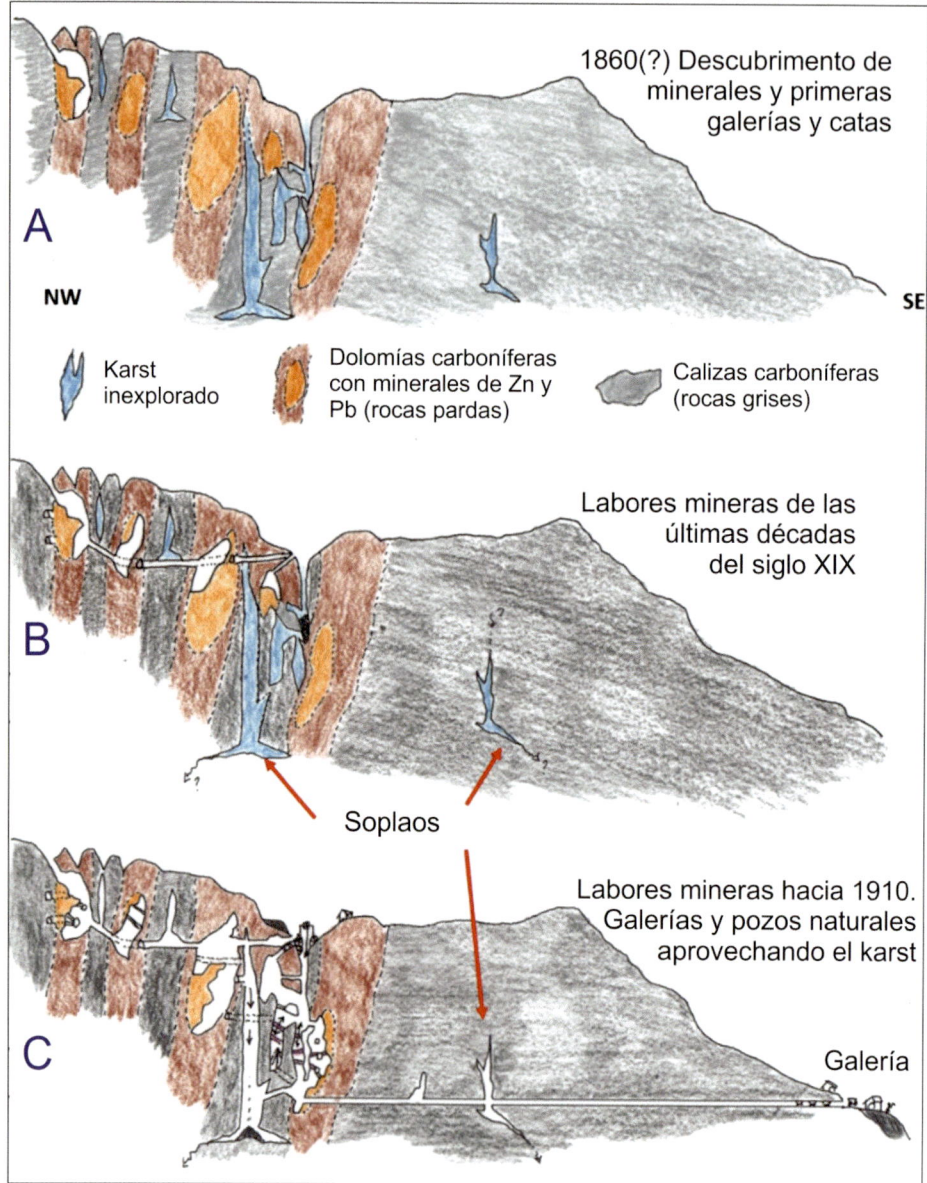

Figura 3.5. Las Gramas. Afloramientos de dolomías y explotación minera.

Todos los minerales se evacuaban a partir de entonces por gravedad hasta el nivel más bajo de la mina y la galería inferior que terminaba en la plaza de La Asturiana. Es la configuración de la mina existente en la actualidad (figura 3.6).

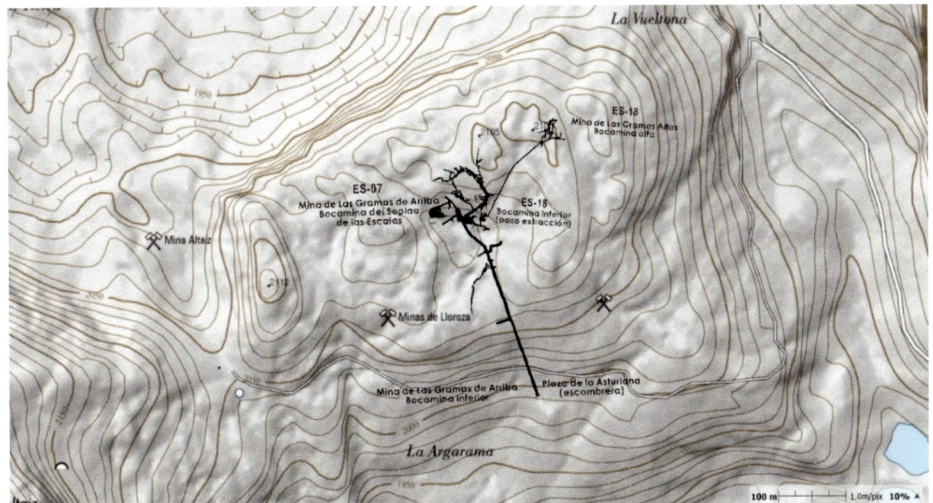

Figura 3.6. Proyección de las labores mineras sobre el Cueto de Las Gramas (base topográfica del IGN).

A principios del siglo XX los minerales de zinc se transportaban a Fuente Dé mediante un teleférico situado donde hoy encontramos el teleférico de uso turístico, que bajaba el mineral en un desnivel de 753 m, para enviarlo a los hornos de calcinación de Ojedo hasta su cierre en 1909 (VVAA, 2017). En los últimos años de la mina, en la década de 1920, el mineral se concentró en Áliva y luego se trasladaba al valle, junto a los minerales de las minas de Áliva, por el camino carretero de Espinama. Todas las minas cerraron durante la guerra civil española y la única mina que se abrió después, en 1946, fue la de Áliva.

IV

LA ORGANIZACIÓN ESPACIAL DE LAS LABORES MINERAS

4.1. Las Gramas: organización minera externa y áreas de trabajo

Los diferentes trabajos de los mineros, una vez sacados el mineral y el estéril de la mina, se organizaban espacialmente para obtener los máximos rendimientos y dejaron su huella en el entorno de la mina de Las Gramas. La distribución exterior de Las Gramas es muy semejante a todos los conjuntos mineros de media entidad de los Picos de Europa. En ellos se emplazan áreas de selección del mineral y de transporte, así como complementos logísticos de apoyo a las necesidades mineras y a la vida de los mineros (cocinas, cuarteles, cantinas). En cada sector se construían instalaciones específicas adaptadas a las posibilidades del terreno y de la capacidad tecnológica de la empresa. De este modo, existe una organización especializada del espacio minero que define a cada mina con sus pistas, casetones y ambientes de trabajo (figura 4.1).

En las minas de altitud no había poblados mineros permanentes pues la estacionalidad de la explotación, de mayo a noviembre en las más bajas y de julio a finales de octubre en las situadas a mayor altitud, implicaba pocas instalaciones construidas. Como nos cuentan Bauzá (1860) y Arce (1879) al principio de los trabajos de cada año había que reparar los daños del invierno. A estas labores se dedicaba la población local en verano, como complemento a sus trabajos ganaderos y agrícolas.

La concesión de los criaderos del sector de Lloroza constituía un puzle donde se yuxtaponían las calicatas y bocaminas alineadas en fracturas, pero en diferentes concesiones. De las dieciocho concesiones del sector de Lloroza solo tres pertenecerían a las minas de Las Gramas (figura 4.2).

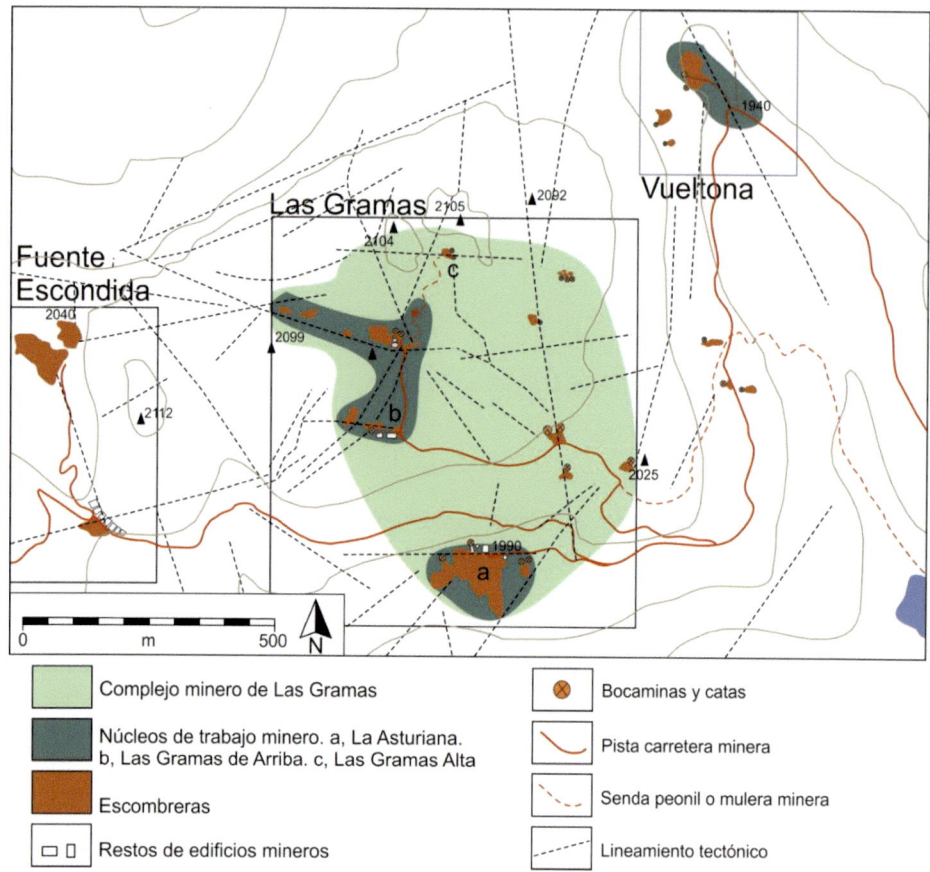

Figura 4.1. Ámbitos mineros del entorno de Las Gramas. a, plaza de La Asturiana.

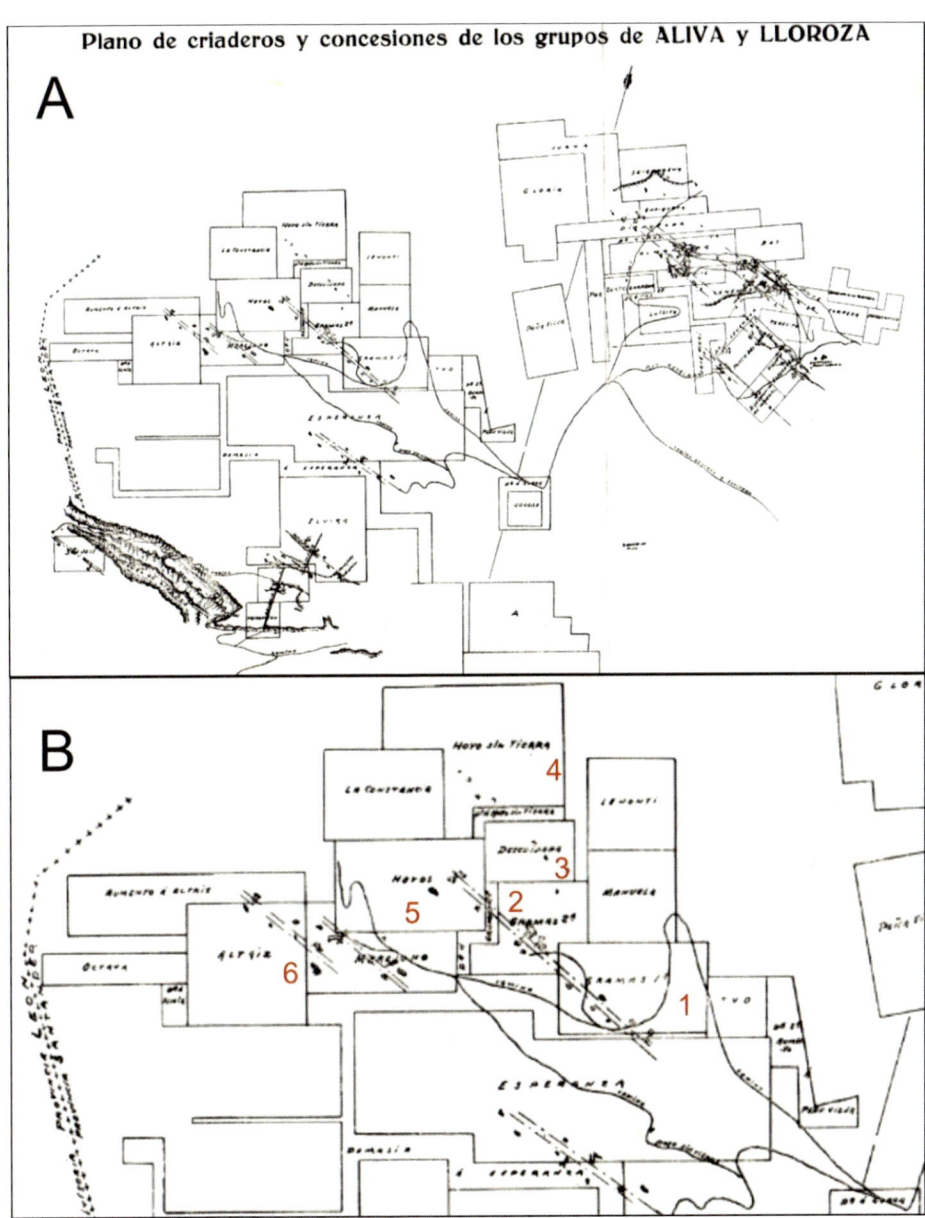

Figura 4.2. A. Plano de los criaderos y las concesiones de los grupos de Áliva y Lloroza (Mazarrasa, 1930). B. Detalle del sector del Cueto de Las Gramas. 1 y 2, Las Gramas 1ª y Las Gramas 2ª, principales concesiones. 3, Las Gramas de Arriba. 4, Hoyo Sin Tierra. 5, Fuente Escondida. 6, Altáiz.

4.2. Selección y tratamiento del mineral

La selección del mineral se realizaba tanto en el interior de la mina como en el exterior. En muchos frentes de trabajo se excavaba el estéril (ganga en el argot minero), bien como avance de galerías o bien como encajante de la veta. Dado que el estéril no tenía ningún valor, se intentaba extraer la mínima cantidad, por lo que mucho se empleaba en rellenar labores antiguas o como base o rampa para ascender en los testeros. El resto, salía por la galería principal y se volcaba en la escombrera, pasando a engrosar la plataforma de la plaza de La Asturiana.

El mineral raramente estaba aislado y englobaba impurezas de la roca encajante, dolomita, baritina, calcita y otros minerales. Todo el mineral se extraía por la misma galería y se trasportaba al exterior al sector de estrío o separación. Los capataces y mineros organizaban internamente la extracción de estéril o mineral que no podían mezclarse e iban a sectores diferentes de la plaza exterior. En ninguna de las minas pequeñas de la alta montaña de los Picos de Europa se procesaba el mineral pues estas labores se hacían en el valle o en alguna planta de procesamiento. Una vez volcado el mineral en el área de estrío, mujeres y muchachos lo fragmentaban con mazas y separaban la ganga, las fases minerales no valiosas, del mineral aprovechable, la mena (calamina). Cabe señalar que si bien en la minería del norte de España esta labor era a menudo realizada por mujeres (Kuschick, 2009), los datos oficiales parecen indicar que, en los Picos de Europa, la presencia femenina era poco frecuente, con un porcentaje muy bajo de mujeres contratadas por las compañías. Según la Estadística Comercial e Industrial de la provincia de Santander, en 1909 solo un 4% de los 146 trabajadores de Áliva y Ándara eran mujeres. Sin embargo, estos datos contrastan con la documentación gráfica reflejada en las pocas fotografías del siglo XX existentes, en las que aparecen mujeres realizando estas labores.

Dado el importante acopio de sulfuros, esfalerita y galena en algunas escombreras del entorno de Las Gramas, San Luis y Altáiz, pensamos que nunca llegaron a beneficiarlos, pues la tecnología de la época no permitía extraer el zinc de la esfalerita. Y por tanto sólo explotaron las calaminas hasta el contacto con las franjas sulfurosas. Hasta finales del siglo XIX la esfalerita no es la principal mena del zinc explotada. Dado que no había disponibilidad de agua, no tenían ninguna técnica de separación por lavado o concentración y tal vez algunos acopios de esfalerita y galena pudieron enviarse a los lavaderos de flotación de la mina de Áliva o bajarse al valle. Una vez separada la calamina, se metía en sacos o serones y se bajaba por las pistas mineras o cables (Fuente Dé, Altáiz) a Potes y Ojedo, donde todavía existen los grandes hornos de calaminas (figura 4.3), u otras zonas de beneficio.

La extracción del elemento de la mena mineral es el proceso conocido como mineralurgia-metalurgia. El primero, la mineralurgia, consiste en la separación de la mena o elemento combinado y la ganga o estéril. Se tritura a un tamaño casi polvo en el que se ha concentrado el mineral lo máximo posible con la ayuda del agua, la gravedad u otros procesos físico-químicos (magnetismo, flotación, medios densos, etc.). La metalurgia tradicional partía del mineral extraído de la mina para separar la mena de la ganga mediante operaciones como trituración, molienda, calcinación, tostación o flotación (Ballester et al., 2000). El proceso de separación del elemento de interés, en este caso el zinc de la calamina o la esfalerita, implica procesos químicos habitualmente relacionados con altas temperaturas. Una vez seleccionados en estériles y mixtos, estos últimos se lavaban y trituraban en molinos, o se concentraba en cribas de palanquín o en cajones alemanes para obtener concentrados que en su mayor parte se trasladaban para ser calcinados en los grandes hornos construidos por diferentes compañías en Espinama, Ojedo y Dobro -en Bejes- (Gutiérrez Claverol y Luque, 2000; González Pellejero et al., 2001; Santos, 2018). Estos procesos "industrializados" se llevaban a cabo lejos de las minas, ya cerca de las vías de comunicación: carreteras y ríos.

Figura 4.3. Hornos de calaminas de Ojedo.

Los estériles se esparcían en torno a las bocaminas, formando escombreras cuando sobraban después de la adecuación de espacios como plataformas de trabajo. Existen multitud de taludes de estériles, las escombreras, dispersos al frente de catas y bocaminas por todo Lloroza y Las Gramas. Las escombreras más importantes perduran en la plaza de La Asturiana, a 1990 m de altitud, donde ocupan una extensión de 3.482 m^2, y han sido estimados en unos 5.000 m^3 de escombros (Gutiérrez Claverol y Luque, 2000). En Las Gramas de Arriba, a 2060 m, la escombrera ocupa 1.689 m^2 y en Fuente Escondida, a 2050 m ocupa 1.662 m^2, más 750 m^2 del área de trabajo habilitada con escombros de las minas. Por el contrario, en Las Gramas Altas, a 2090 m, solo ocupan 80 m^2, pues el mineral se trasladaba por el interior de la mina volcándose verticalmente hacia la bocamina inferior. El conjunto de bocaminas posee pequeñas escombreras de entre 80 y 200 m^2 de extensión. En todos los casos estas escombreras formaban plataformas al frente o en torno a las bocaminas, sobre las cuales, una vez allanadas, se desarrollaban los trabajos de selección, clasificación, triturado y carga de mulas, burros o carretas. En el sector de Las Gramas hay más de 9.000 m^2 de escombreras esparcidas por diferentes puntos. Salvo en las grandes galerías donde había vías y vagonetas, el transporte se hacía mediante carretillas de madera y cestos de avellano o sauce, tal y como atestiguan los restos encontrados en Las Gramas y Altáiz (figura 4.4).

Figura 4.4. Carretilla de madera con rueda de metal y cestos para el transporte de mineral.

En Lloroza el mineral triturado y clasificado se desplazaba en su mayoría hacia los puertos del Cantábrico y los de otras minas hacia los hornos de calaminas de Potes y Ojedo. No se han encontrado otros vestigios de hornos de calcinación en la montaña, aunque sí en las partes bajas de El Dobrillo (Bejes) y Potes. Es importante señalar que para los hornos hacía falta una ingente cantidad de combustible, escaso en la montaña. Sin embargo, hay restos de tratamiento del mineral en altura mediante mecanismos muy rudimentarios para la calcinación o la tostación, con el objeto de transformar las menas sulfurosas en óxidos, como primer paso para la extracción de los metales de zinc y cobre. Benigno Arce (1879) señala la existencia de hornos de calcinación al aire libre para las calaminas y explica detalladamente cómo se construían. Para él:

"estas calaminas se calcinan al aire libre en pilas, cuando están en trozos más o menos grandes; y las que resultan de tierras procedentes de los lavados, en hornos reverberos de doble plaza, alimentándose con carbón de piedra o con leñas", "la calcinación en pilas reúne a la baratura, la facilidad de calcinar en corto tiempo grandes cantidades de mineral" (Arce, 1879, pp. 22-26).

Entre Las Gramas de Arriba y Las Gramas Altas, a 2080 m de altitud, existe un acopio de minerales oxidados que aparentemente pudieran ser restos de calcinación de materiales agrupados en un círculo de 48 m^2. Estos pudieran ser restos de un horno muy rudimentario, como los explicados por Benigno Arce en 1879, sin duda utilizado poco tiempo y antes de la minería de las calaminas en el inicio de las explotaciones mineras, conectado con las bocaminas sólo por caminos peoniles o muleros. Las infraestructuras metalúrgicas más comunes serían las fraguas a bocamina para la reparación de útiles: raíles, picos, vagonetas, clavos, etc., también presentes en la plaza de La Asturiana (figura 4.5).

Figura 4.5. Restos del casetón de la fragua de la plaza de La Asturiana.

Elementos	Denominación	Edificio	Altitud m	Superficie m²	Longitud m
Edificios	Plaza de La Asturiana	1		54	
		2	1990	20	
		3		10	
		4		15	
	La Gramas de Arriba	Casetón	2056	89	
	Fuente Escondida Arriba	1		10	
		2		10	
		3		10	
		4		30	
		5	2050	30	
		6		50	
		7		23	
		8		23	
		9		12,5	
	Fuente Escondida Abajo	1		17,5	
		2	2020	3	
		3		3	
	Total			408	
Acopio de mineral	Posible horno al aire libre		2080	90	
Pistas carreteras	Covarrobres- Fuente Escondida		1924-2043		2.640
	Pista-plaza de La Asturiana		2000-1980		170
	Pista Gramas de Arriba		1975-2056		635
	Las Gramas Altas		2056-2090		270
	Fuente Escondida-Altáiz		2043-2190		560
	Total				4.275
Pistas muleras y peoniles	Camino viejo de Las Gramas				350
	1				20
	2				25
	Camino de Las Gramas Altas				200
	Total				595
Escombreras	plaza de La Asturiana		1980	3.482	
	Gramas de Arriba		2056	1.689	

	Fuente Escondida		2043	2.556	
	La Gramas Altas		2090	33	
	Bocaminas dispersas (9)		--	714	
		Total		8.474	
Otros	Cercado de piedras		2010	30,5	
	Estructura cuadrada		2010	3,5	
		Total		34	
			Totales	9.006	4.870

Tabla 4.1. Patrimonio arqueológico industrial de superficie del complejo minero de Las Gramas.

4.3. Áreas de vivienda y trabajo: casetas y casetones

La actividad minera necesitaba la construcción de edificaciones diversas para labores de almacenaje, talleres y descanso para los mineros. La lejanía entre las explotaciones mineras y los pueblos era un reto de la minería de alta montaña, de modo que los casetones tenían una función también de alojamiento, aunque en algunos casos, como en la explotación más reciente de Áliva, se recurrió a albergues subterráneos (Gutiérrez Claverol y Luque, 2000; Jordá et al., 2002; Jordá y Jordá, 2011, Jordá, 2016). En Ándara, Áliva y Lloroza existieron grandes casetones, hoy todos ellos desaparecidos, donde se emplazaban oficinas, almacenes y alojamientos para los directores, ingenieros y mineros. El edificio principal de este grupo minero era el casetón de Lloroza, ubicado a unos 3 km por la pista de Lloroza, donde se localizaban los ingenieros, los servicios centrales y cuarteles para los mineros (figura 3.1). Todavía hoy se aprecian los restos de esa agrupación de edificios en torno al principal y las pistas carreteras de acceso. Pero la necesidad de tener edificios destinados al trabajo, vigilancia y pernocta más cerca de la mina implicó la construcción de otras edificaciones menores.

En el Cueto de Las Gramas se han inventariado un total de dieciséis edificaciones de tamaños muy diversos (tabla 4.1), cuatro en Las Gramas, donde había 31 obreros en 1909, y doce en Fuente Escondida. Todas las edificaciones suman un total de 408 m^2 construidos. Las dieciséis edificaciones son todas ellas de planta cuadrada o rectangular, de muy diferentes tamaños y varían entre 3 m^2 de edificios para almacén y los 89 m^2 de Las Gramas de Arriba. La utilidad de los diferentes casetones sería bien diferente, desde el alojamiento, al almacenamiento de útiles, explosivos o para servicios (cocinas, oficinas, almacenes, talleres, etc.). Todos ellos fueron construidos en mampostería, con obra cuidada, pero sin argamasa, aunque las pocas fotos existentes de otros edificios muestran construcciones en madera de las que no quedan restos. En todos los casos su deterioro es máximo, quedando solamente muros de menos de un metro, salvo excepciones.

En las Gramas, las edificaciones se concentran en tres lugares, la plaza de La Asturiana, o escombrera de Las Gramas, Las Gramas de Arriba y Fuente Escondida, este último fuera del complejo minero de Las Gramas, pero localizado en el Cueto de Las Gramas y perteneciente al grupo de Lloroza.

a) La plaza de La Asturiana.

En la bocamina de Las Gramas hay tres edificios que mantienen los paramentos, dos de ellos con más de un metro de alto, bien conservados (figura 4.5). A la salida inmediata de la mina se sitúan los restos de un edificio de 15 m² que todavía contiene elementos de hierro pesados, por lo que bien pudiera tratarse de un taller o herrería para apoyo a las labores mineras.

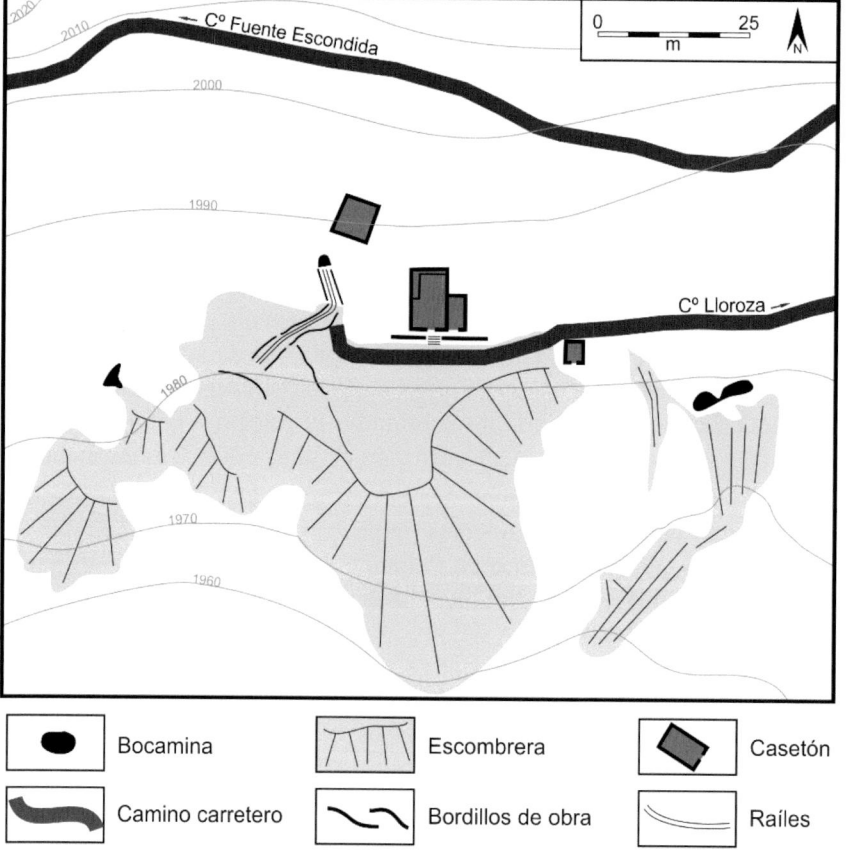

Figura 4.6. Distribución de los espacios de trabajo en la plaza de La Asturiana.

Frente a la explanada donde finaliza el camino carretero y llegaban los raíles desde la bocamina, se ubica el edificio más grande, caracterizado por una obra muy cuidada, es el casetón de La Asturiana (figuras 4.6. y 4.7). Esta edificación está construida sobre una peana y con una escalera de tres peldaños para el acceso a la plataforma y a la puerta de entrada. El casetón posee una tarima de un metro de ancho que pudo servir para actividades muy diversas y en 1991 aún se conservaban en el muro los restos de una pequeña ventana al Oeste del habitáculo principal. Sin duda, este era el casetón principal, que pudo funcionar como cuartel minero y desde donde se controla toda la actividad carretera (entradas y salidas de personal, material y mineral desde la bocamina). La solidez constructiva y el cuidado de los elementos externos parecen mostrar un edificio ocupado por los capataces, funcionando posiblemente como área administrativa y de control, además de cuartel. En su frente finalizaban las vías que salían de la bocamina dividiéndose en dos direcciones, hacia el casetón y hacia la escombrera.

Este casetón tiene adosado uno menor con la entrada separada. Por su estructura exterior y analogía con otros casetones bien conocidos, con un vano de acceso más ancho que el del principal, pudiera ser un establo. Sin embargo, la presencia de la peana y el acceso por rampa o escaleras parece descartar este uso, pues dificulta el acceso de las mulas, de modo que nos inclinamos por un uso como cocina o cuartel minero. A la entrada hay un dosel bien trabajado sobre piedra, con muescas talladas, que señala la instalación de mobiliario y corroboran este posible uso. Poseía una ventana en su lado este y se ha desestimado la labor de cocina en relación con la sala principal por tener accesos separados, lo que hace ineficiente la combinación de cocinado y consumo.

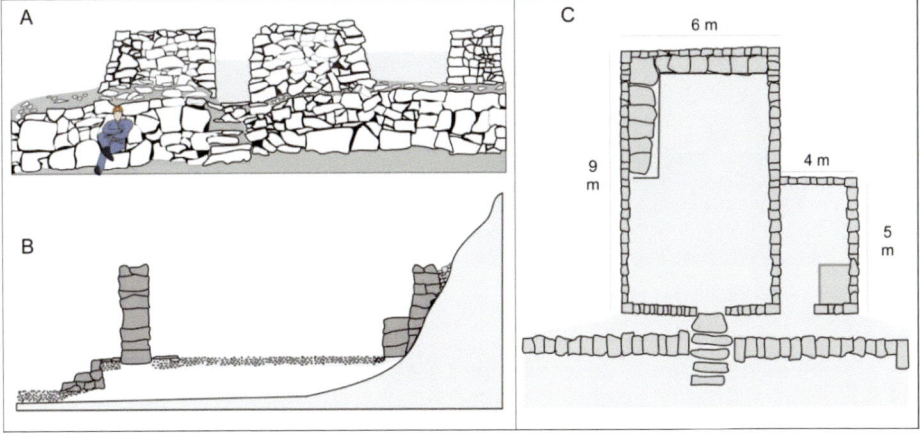

Figura 4.7. A) Visión frontal de los restos actuales del casetón de La Asturiana. B) Perfil actual de los restos del casetón. C) Planta y dimensiones.

A la entrada del complejo se sitúa una pequeña construcción de 10 m², lo que parece señalar un almacén de materiales o establo, por lo alejado de las otras construcciones y bocaminas. En total se construyeron ~100 m² para un complejo minero de cierta entidad. A estas construcciones se añaden las infraestructuras de trabajo como los distribuidores construidos con muros armados y la plataforma de descarga y carga de carretones a la salida de la bocamina.

Finalmente, en las escombreras más bajas y aprovechando una cata minera anterior, hay un refugio subterráneo de aproximadamente 6 m² y construcción muy cuidada, con las paredes cubiertas de mampostería y una habitación cerrada por una puerta. Por el trabajo realizado y la situación podría tratarse de un almacén de explosivos o de elementos valiosos para la mina.

A 325 m de distancia por la pista carretera que sube a Fuente Escondida, y solo 125 m en línea recta, se conserva un recinto cuadrado de mampostería muy bien trabajado que ocupa 30,5 m² y una estructura menor, de sólo 3,5 m². El trabajo de sillería y la construcción del muro, propio de los mineros, descartan que fuera un recinto ganadero construido por los pastores. Se trata de un cercado para los animales de carga, bueyes, burros o mulos que transportaban el mineral y los materiales, con una posible caseta para aperos o el cuidador de los animales (figura 4.8).

Figura 4.8. Cercado para el ganado de transporte y caseta en el acceso.

Un elemento singular de la plaza de La Asturiana es un grabado en el sustrato de caliza en su entrada, frente al casetón de almacén (figura 4.9). Por su forma y simbología parece un grabado minero, sin embargo, la fecha que figura, 1830, es anterior al inicio de las explotaciones mineras. En él se puede leer enmarcado en un piqueteo inciso, FRAMA1830, y debajo S b q o. Arriba, fuera del marco, parece poner LIavEa. Ante la escasa información obtenida, hay dos hipótesis posibles.

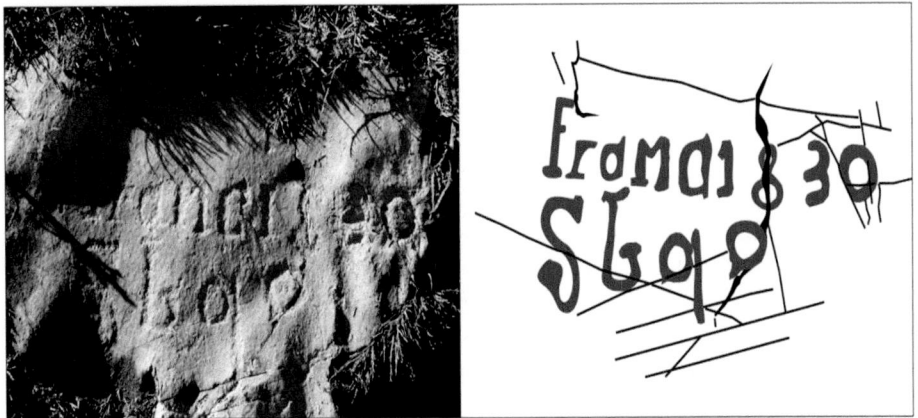

Figura 4.9. Detalle del grabado en la entrada de la plaza de La Asturiana.

- Por su localización, estilo y el símbolo de la S, podría tratarse de una antigua marca minera, grabada allí en una primera concesión para su posible explotación. Sin embargo, no hay constatadas concesiones mineras para fecha tan temprana. La Ley de Minas de 1825 puede ser una primera explicación, pues es el inicio del interés por la solicitud de concesiones. Los primeros registros mineros en el área de Lloroza son de 1844, 1847 y 1857 (Gutiérrez Sebares, 2007; Santos, 2018) de modo que esta minería estaría centrada en el plomo y el cobre dado que aún no se explotaban los criaderos de calamina. Diferentes autores han señalado que es a partir de 1836 cuando se abren expectativas mineras (Hoyo Aparicio, 1993; Gutiérrez Sebares, 2007; Arbeo, 2018) por lo que se podría relacionar con una explotación todavía tradicional, sin formalizar como actividad minera y sin relación con las infraestructuras existentes en la actualidad en la plaza de La Asturiana. Esta concesión no se ha podido comprobar documentalmente, pero su proximidad a la bocamina más importante inclina la interpretación hacia una señal minera.

- La presencia del término Frama, población del valle del Bullón (Valdeprado) que pertenece al municipio de Vega de Liébana y dista 20 km en línea recta del Cueto de Las Gramas apunta que podría ser la señal de una concesión o arrendamiento de pastos a Frama, o algún vecino de esa localidad. Esta población está muy alejada de la alta montaña y carece de puertos o pastos de altura, que existieron en este sector, como corrobora su topónimo y los restos de cabañas en el Hoyo Sin Tierra. Su función estaría relacionada con la compartimentación del territorio pues grabados de este tipo, u otros más esquemáticos, se han utilizado hasta épocas recientes (Fernández y Lamalfa, 2005). Estas concesiones de pastos no las hemos podido confirmar ni documentalmente ni verbalmente mediante informantes, y la tipología del grabado parece descartar que se trate de una señal ganadera.

En definitiva, se trata de una antigua señal que manifiesta sobre el terreno el reparto de tierras, bien de derechos de pastos o bien de explotación minera, opción por la que nos inclinamos, ambas muy comunes en la montaña cantábrica, pero no en este sector de Picos de Europa.

b) Las Gramas de Arriba

En el collado de acceso al complejo minero de Las Gramas de Arriba, a 2056 m de altitud, se emplazan los restos de un edificio de mampostería, parcialmente construido sobre roca, del que sólo quedan algunos muros. Se sitúa 120 m antes del final del camino carretero, donde se agrupan las labores mineras con pozos, escombreras y bocaminas. Por el tamaño y la altura de los muros que se conservan, con más de dos metros, este edificio tendría dos plantas. Este es el único resto de edificios en este sector y el mayor de todo el conjunto, de 89 m^2. Tiene una situación estratégica, en el acceso al complejo minero y donde se bifurca hacia las bocaminas y pozos del oeste y del norte, lugar ideal para el control, almacenamiento o descanso de los mineros (figura 4.10). Sería, pues, un importante casetón donde podían confluir actividades de hospedaje, almacenaje y gestión de la mina. La presencia de ladrillos refractarios entre los escombros puede indicar la existencia de cocinas y su función como comedores, al igual que en el casetón de La Asturiana.

En el sector occidental del Cueto, entre 2020 y 2050 metros de altitud, se localizan doce edificios. Todos ellos son de pequeño tamaño, alineados en su mayoría contra el contrafuerte Suroeste del umbral glaciar, en el collado frente a la Fuente Escondida. En el collado (2050 m) hay cuatro edificios de reducidas dimensiones (7-9 m^2) que sin duda funcionarían como casetos de trabajo o almacén. Hacia el norte se localizan los edificios mayores (18-28 m^2) que por su tamaño parecen más destinados a laboreo que vivienda, pero pueden ser cuarteles para mineros (figura 4.11). Los nueve edificios junto a la plataforma del collado, de donde partían pistas y sendas en distintas direcciones, configuran un ámbito urbanizado. Gutiérrez Claverol y Luque (2000) señalan la posible existencia de instalaciones de trituración, y en ellos se han encontrado "dientes" metálicos que podrían ser parte de las mismas. También parte de las infraestructuras de carga, con los restos de un cargadero para carretas, de selección del mineral y por los restos que existen de talleres para la mina y los carreteros, con profusión de residuos de metal, chapas, láminas, puntas y dientes metálicos que evocan lugares de trabajo. El montañero José Zabala señala que, en 1914, cuando él recorre este sector, estos casetones estaban ya abandonados, lo que no significa que no hubiera aún labores mineras (Pidal y Zabala, 1918).

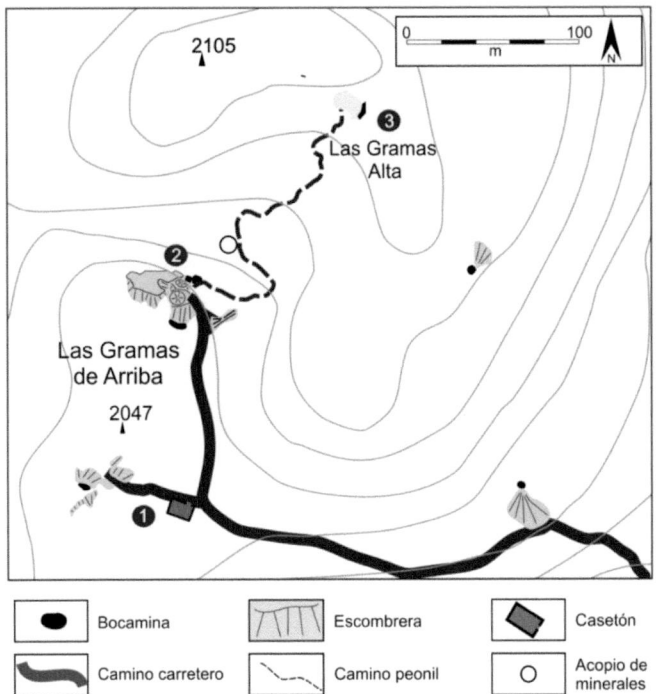

Figura 4.10. Distribución de los espacios de trabajo en Las Gramas de Arriba. 1, Casetón
principal. 2, Complejo de pozos y escombreras. 3, Acceso a Las Gramas Altas.

c) Fuente Escondida:

En las cercanías de la bocamina más importante de Fuente Escondida, la orientada al Noroeste y al pie del Cueto de Las Gramas, se sitúan los dos edificios de mayores dimensiones. Esta es una constante en las tres unidades de la mina, lo que induce a pensar en su posición estratégica y de uso múltiple en los tres casos (La Asturiana, Las Gramas de Arriba y Fuente Escondida). Por una parte, como alojamiento para mineros, que no necesitaría estar en la plataforma de acceso a la mina, y por otra para la gestión de la mina, los materiales de acceso y el mineral de salida, justo donde llegaban las carretas.

Por debajo de la mina hay, ya fuera del complejo, dos construcciones circulares en mampostería con grandes bloques. Estas, por su morfología no parecen mineras. Podrían tratarse de pequeños refugios pastoriles para el pastoreo de ovejas y cabras en el Hoyo Sin Tierra, ampliamente vegetado por pastizales de gramíneas, y emplazados en las cercanías de la mina.

4.4. Transporte

El transporte del mineral constituye una parte compleja y cara en las labores mineras y requerían unas infraestructuras muy variadas, pues se hacía mediante tracción animal, directa o con carretas de bueyes.

La extracción del mineral y su transporte a las bocaminas se realizaban manualmente, mediante tracción o vagonetas en las galerías principales. Desde las labores hasta dichas galerías el mineral se transportaba en cestos y carretillas, de los cuales se conservan bastantes vestigios, que podía adaptarse a galerías serpenteantes y cámaras. Los raíles requerían de un trazado más estricto. Había numerosos pocillos secundarios para ventilación y comunicación con los niveles o galerías de extracción, con trampillas a modo de tolva. Hoy la mayoría de estas estructuras han desaparecido, salvo la conservada en la sala del Minero Loco.

Una vez en el exterior, el transporte se iniciaba en la parte llana delante de la mina. Este se realizaba de diferentes modos, bien mediante la carga del material por "cesto", a menudo de 40 o 50 kilos, o bien mediante mulas y burros, por sendas peoniles, pero lo más habitual en Las Gramas desde finales del siglo XIX, en la última fase de funcionamiento de las minas, era mediante carros de bueyes por las pistas carreteras que llevaban el mineral sin interrupción de la mina a lavaderos, hornos o embarcaderos.

En Las Gramas se hicieron grandes esfuerzos para sacar el mineral por las bocaminas principales, pasando directamente a ser transportado en carretas, como sucedía en la bocamina de la plaza de La Asturiana. En este caso, tanto en Las Gramas de Abajo -plaza de La Asturiana-como las de Arriba se construyeron sendas galerías en estéril para el transporte del mineral hasta la bocamina, donde terminaban los caminos carreteros. Pero no siempre era rentable construir infraestructuras complejas y se requería de sendas que formaban redes menores. Cuando el medio ofrecía muchas dificultades, los ingenieros afrontaban retos mayores y construían los cables, teleféricos de cangilones para el transporte aéreo del mineral, como los que aún se conservan en torno a la cumbre de Altáiz (figura 4.15).

Mazarrasa (1930, p.687), refiriéndose en general a Áliva y Ándara señala que las rocas con esfalerita se "escogen" a mano, separando "los mixtos y estéril". Posteriormente, en el mismo texto, describe el trayecto de los minerales de Las Gramas hacia Unquera:

"los primeros se transportan directamente en carros, primero hasta Espinama, después hasta Unquera, en el ferrocarril cantábrico; los mixtos se trituran en molinos de cilindros y se lavan y concentran en cribas de palanquín, y los finos en cajones alemanes, transportándose después a Espinama. Las calaminas que en pequeña cantidad se extraen, se escogen también a mano; las tierras se lavan en cribas de mano y todo se transporta a Espinama; se calcinan en Puente Ojedo las de La Providencia. Las calaminas del grupo de Lloroza, que hoy trabaja sólo la Real Compañía Asturiana, se lavan en Áliva, único sitio donde la Sociedad Real Compañía Asturiana, que tiene las concesión y agua abundante, al pie de Peña Vieja, y siguen camino a Espinama y a Unquera, y por el ferrocarril Cantábrico son llevados a Reocín, a los talleres de preparación de la Compañía, o al puerto de Hinojedo para su embarque. Los transportes se efectúan en carros, por caminos construidos por las Sociedades, desde Espinama, y por carretera, desde Espinama por Camaleño, a Potes y Unquera".

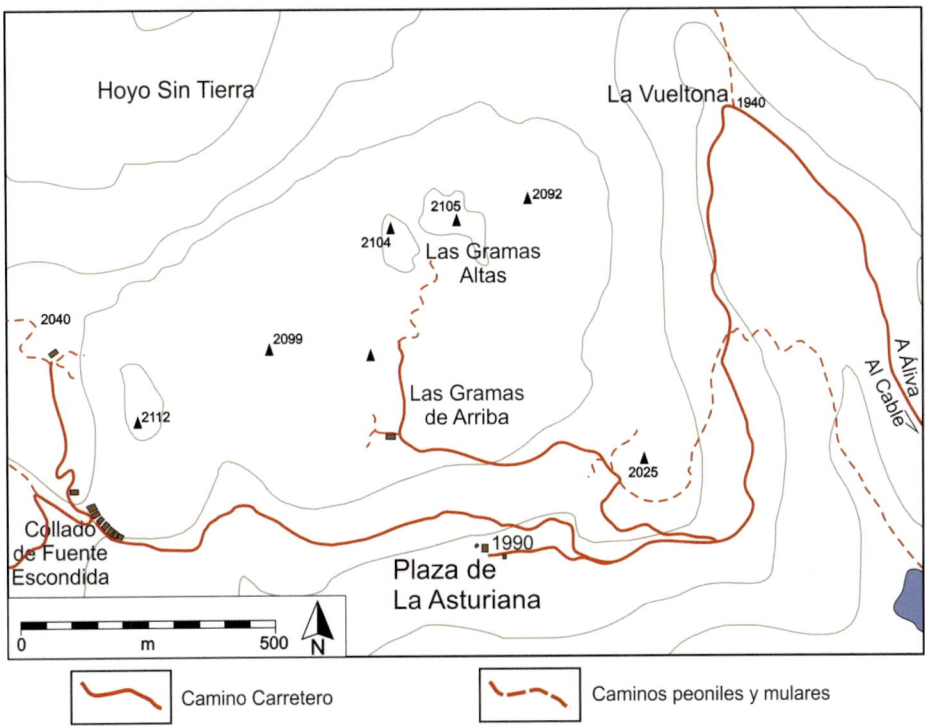

Figura 4.11. Mapa de la red de caminos mineros del Cueto de las Gramas.

Todo este trasiego se realizaba por la compleja red de caminos, perteneciente cada uno a su compañía y a menudo no compartidos, que surcó los Picos de Europa, antecediendo y abriendo el camino a otras actividades como la caza deportiva, el montañismo y el turismo. En el Cueto de Las Gramas ha quedado grabada la compleja red de caminos construida a lo largo de los más de 100 años de laboreo (figura 4.11). Hemos establecido tres tipologías básicas para el transporte.

a) Caminos mineros

La red de caminos comprende dos tipos básicos, los caminos carreteros y los senderos. Los primeros son capaces de soportar el tránsito de carretas de bueyes y los segundos para personas y mulas o burros que porteaban el mineral a menor distancia. Es el caso del camino de la Canal de San Luis, de obra bien construida, pero estrecho y destinado a burros como indica su denominación de "senda del burro" (Ansola et al., 2016).

a.1) Los caminos carreteros.

La red de caminos carreteros se realizó mediante la excavación en el sustrato y obra de muros de contención de mampostería (figura 4.12 y 4.13). La anchura mínima en el área de estudio es de 3,5 m, alcanzando en ocasiones los 4 m de ancho. Las pistas carreteras tienen un desarrollo de 4,27 km desde la Horcadina de Covarrobres. En este punto, el camino carretero de Áliva se bifurcaba hacia los casetones de Lloroza y hacia La Vueltona hasta la proximidad de Las Gramas. Se trata de una magnífica obra que asciende hasta pasada la Fuente Escondida con sucesivas bifurcaciones. En la actualidad está bien conservada en unos puntos, pero con deterioros importantes en otros. Si hasta los años 70 se pudo subir en 4x4 a Fuente Escondida y hasta 2021 se llegaba a la plaza de La Asturiana, hoy día los derrumbes impiden el paso unos 400 metros después de La Vueltona.

Figura 4.12. Pista carretera de La Vueltona a la plaza de La Asturiana y Fuente Escondida. Se aprecia la obra en mampostería y la desigual conservación del muro.

A 500 m de La Vueltona la pista se bifurcaba hacia las Gramas de Arriba, mediante una pista bien construida de 635 m, y más adelante, a la izquierda, un ramal de 170 m conducía a la bocamina principal y plaza de La Asturiana. Los restos constructivos denotan claramente que la pista más antigua es la de Las

Gramas de Arriba, muy deteriorada por la construcción del nuevo camino carretero hacia Fuente Escondida y la plaza de La Asturiana. El camino principal seguía, pues, hasta Fuente Escondida y la bocamina principal, y otros 560 m hacia Altáiz, hoy muy deteriorado en su porción final. Allí enlazaba con el camino en roca viva que alcanzaba la parte superior de Altáiz, un camino peonil muy expuesto (figura 4.14) por lo que un cable (teleférico minero) permitía el descenso del mineral hasta la pista. Del mismo modo, desde Fuente Escondida, los ramales de sendas peoniles conducían a las bocaminas a uno y otro lado del valle. Desde las bocaminas se bajaba el mineral por cable o tracción animal hasta los caminos carreteros, donde se trasladarían hacia Áliva y Espinama.

La fecha exacta de construcción de los 4,27 km de caminos carreteros es desconocida en la actualidad. Coll y Puig (1875) señala que la compañía Vieille Montagne tenían casetones en Lloroza y caminos de carros construidos en 1873 y que antes de 1875 había construido caminos carreteros. Este podría ser el inicio del camino hacia Las Gramas de Arriba y por tanto el abandono del Camino Viejo de Lloroza a Las Gramas. La principal fase de explotación, e inversión, se inicia a partir de 1878 con la concesión a la Real Compañía Asturiana de Minas, que explotaba Áliva desde 1856. La obra de muros, la anchura y los trabajos en la caja parecen mostrar cierta antigüedad en su construcción, si bien la denominación de la bocamina de Las Gramas, como plaza de La Asturiana, parece remitir a su principal fase de actividad de 1880 en adelante. En cualquier caso, una importante obra que ronda un mínimo de 120 o 140 años de antigüedad.

a.2) Las sendas mineras.

Las sendas o caminos peoniles formaban una densa red de comunicaciones entre instalaciones mineras. Los caminos carreteros dejaban paso a las sendas que partían desde Fuente Escondida, la plaza de La Asturiana y Las Gramas de Arriba, tanto desde el casetón como desde el punto final de la pista carretera. Presentan tres modalidades:

- Sendas excavadas en la roca, como el espectacular camino de las minas de Altáiz o el de La Canalona, frente al Cueto de Las Gramas, que requerían un proyecto para su ejecución (figura 4.13 y 4.14). No hay este tipo de senda en el Cueto de Las Gramas.

 - Sendas peatonales y de mulas abiertas sobre el suelo y sin ningún tipo de obra. Eran trayectos hasta las bocaminas, de uso esporádico y que no incluía trabajos de construcción ni mantenimiento. No se han detectado sobre el terreno.

- Sendas armadas con muretes de piedra y mampuesto irregular para evitar su deterioro, a veces con pequeña excavación en la roca y muretes que se rellenan de piedras. Desde Las Gramas de Arriba y el Casetón de Arriba partían sendas hacia lo alto del umbral con los destinos en las catas y bocaminas dispersas, como la conservada desde la entrada superior que permitía el acceso a la bocamina de Las Gramas Altas. Hoy aún se conservan retazos de obra, definida por la excavación en el sustrato y pequeños muros armados, que muestran una anchura inferior a los dos metros. Actualmente no se aprecia conexión con el camino carretero.

Figura 4.13. Caminos mineros. Izquierda, senda de La Canalona frente al Cueto de Las Gramas. Se aprecian las zetas construidas sobre la pedrera y el camino excavado en la pared. Arriba, a la derecha el camino carretero de Las Gramas de Arriba y abajo detalle constructivo del camino de la Vueltona.

Entre las sendas o caminos peoniles se distinguen algunos tramos antiguos, interrumpidos y destruidos por las pistas carreteras. Estas sendas unían las catas y bocaminas pequeñas, propias de una primera fase de explotación. El mejor ejemplo es el que denominamos Camino Viejo de Las Gramas, por ser anterior a las pistas carreteras y dar acceso a Las Gramas de Arriba desde las proximidades de La Vueltona, que entonces no existía, conectando con el sector de Lloroza. A unos pocos metros de la actual Vueltona, una senda con muros armados cruza el camino carretero para conectar con Las Gramas de Arriba, uniendo diferentes zanjas y tajos al aire libre de la vertiente sur del umbral. Procede de unas lazadas mal conservadas que conectan con los lagos de Lloroza. La senda está mal conservada pues la pista carretera la interrumpe en dos ocasiones al superponerse a la senda y destruirla, pero se conservan sectores con muretes, armaduras y alineaciones de bloques, así como excavaciones en el sustrato que permiten seguir dicha senda. En las ortofotos se aprecia su continuidad incluso en las porciones con vegetación. Con la construcción del camino carretero, cuando una fuerte inversión de la Compañía Asturiana inicia la minería subterránea en el sector estudiado, la senda peonil se abandona y las catas, ya sin uso, quedan desconectadas. Este camino, pues, se abandonaría entre 1875 y 1880, cuando se construye el camino carretero.

Figura 4.14. Fotos de los caminos peoniles en el acceso a la mina de Altáiz.

Todas las sendas presentan anchuras entre 50 y 150 cm, no aptas para carretas, y según su anchura y localización utilizables por mulas y burros. El tráfago de mulas o burros entre estos sectores (bocaminas, hornos, caminos carreteros) sería constante, al igual que el de personas. Estos caminos se han deteriorado en gran medida, pues son sin duda los más antiguos y están sometidos a intensos procesos geomorfológicos que implican su destrucción o recubrimiento por clastos. Las sendas sobre el suelo son las más deterioradas, frente a las sendas armadas, de las que hay retazos dispersos por toda la zona. Las mejor conservadas son las sendas excavadas con una caja trabajada en roca. En todas ellas han podido desaparecer posibles estructuras en madera que pudieron favorecer el tránsito de mineros y animales.

b) Cables

En el grupo de Lloroza existieron dos cables, aunque ninguno en Las Gramas. El más famoso conectaba Lloroza con Fuente Dé, en una obra construida con posterioridad a 1903 que enlazaba los 1.200 metros de desnivel y permitía la constante bajada de mineral directamente al fondo del valle (Santos Briz, 2016), evitando el largo camino carretero por Áliva hacia Espinama. Antes pudo existir algún otro cable, de dudosa adscripción cronológica y previa a 1876 (Odriozola, 1966; Santos Briz, 2018). En 1953 se instaló otro hasta la mina Ya Salió, que enlazaba desde la mitad de la pared con Fuente Dé, donde quedan los restos de la estación inferior abandonados en 1957, mal conservados. Este es un verdadero testigo de la actividad minera digno de conservación *in situ* y de visita por los turistas que hoy ascienden por El Cable o teleférico de Fuente Dé. El uso del primitivo cable de Lloroza ya había cesado en 1913, como constatan la Voz de Liébana (1913) y Pidal y Zabala (1918), señalando el abandono del casetón superior, por lo que su vida útil fue de poco menos de 10 años.

En Altáiz se situaba otro cable, del que quedan las plataformas superior e inferior, el cableado, torres y soportes en varios puntos (figura 4.15). Enlazaba el final de la pista con las minas, superando los contrafuertes orientales de Altáiz, un viaje aéreo de 80 m de desnivel y una longitud de ~100 m. Ambos cables deben su construcción a los desvelos de la empresa Vieille Montagne, cuyos ingenieros idearon el desarrollo de estos medios para superar escarpes inviables mediante caminos carreteros. Otros ingenieros apostaron previa y posteriormente por los caminos "*imposibles*", como los de la canal de Liordes o Tresviso, hoy frecuentados por montañeros y turistas, mudos testigos de la actividad minera de los Picos de Europa.

Figura 4.15. Restos del cable de Fuente Escondida. Arriba, estación superior. Abajo, cables en la estación inferior.

V

LA ORGANIZACIÓN SUBTERRÁNEA.
LABORES Y AMBIENTES DE TRABAJO DE LA MINA DE
LAS GRAMAS

La mina subterránea de Las Gramas se organiza en un complejo de galerías, pozos y tajos que también aprovechan los soplaos naturales y articulan un sistema de más de 100 metros de profundidad y 1.158 m de desarrollo (figura 5.1). Aunque todas las galerías y pozos parecen estar conectados por la ES11, el conjunto se organiza en dos ambientes diferenciados, que además pueden ser de dos fases diferentes de explotación. Por una parte, se encuentra el sector entre la plaza de La Asturiana, bocamina más baja y la denominada Las Gramas de Arriba, coincidiendo con las galerías exploradas ES7, ES10 y ES11 (ver figuras 1.3 y 5.1). Por otra parte, la porción superior está formada por la mina ES18, con su bocamina en Las Gramas Altas. Un complejo sistema de extracción, selección y transporte subterráneo, con su laboreo específico, antes de sacar el mineral para iniciar las labores en el exterior.

Sector	Galerías y pozos	Desarrollo horizontal m	Fuente topos
Mina	Galería de La Asturiana	270	CES Alfa/ASC
	Galería Oeste	177 + 128	CES Alfa
	Soplao Escalas	143	CES Alfa
	Ramal Norte Pozos	110	CES Alfa/ASC
	Soplao Fisura	235	ASC
Pozos no mineros	ES11	~110	CES Alfa/ASC
	ES18	293	ASC
	ES9	37	CES Alfa

Tabla 5.1. Desarrollo horizontal de la mina Las Gramas desglosado por galerías y pozos. ASC, Association Spéléologique Charentaise. CES Alfa, Club de Exploraciones Subterráneas Alfa.

5.1. Labores mineras

La mina de Las Gramas se organizó conforme a las diferentes labores de desarrollo, extracción del mineral, adecuación y conservación de galerías y pozos, transporte y evacuación del mineral, propias de una mina de dimensiones medias sobre roca competente. Los dos sectores de Las Gramas poseen la misma estructura vertical con dos secciones bien diferenciadas. En la parte superior los mineros excavaron galerías y frentes de extracción, rampas y pozos verticales para la extracción y el transporte por gravedad y hay soplaos kársticos que alternan con pozos y galerías y utilizaron para volcar el estéril. En la porción inferior se sitúan las galerías para la evacuación del mineral, con vías y vagonetas que accedían hasta las bocaminas, donde se emplazaban los trabajos de selección, trituración o lavado en las amplias plataformas construidas con los estériles (figura 5.1).

Se trata de una organización del espacio que obedece a la lógica minera de ahorro máximo de esfuerzos y costes para las operaciones mineras de obtención y transporte del mineral, siempre conforme a la estructura de las vetas y del mineral. En la mina se diferencian claramente dos tipos de labores; por un lado, las de extracción, y por otro las de acceso, transporte y comunicación (infraestructuras).

a) Labores de extracción

Se trata de la apertura mediante barrenado de los frentes y cámaras de extracción del mineral. Existen galerías, guías horizontales (seguimiento de las vetas) y guías cruzadas (galerías que cruzan las vetas) que parten de socavones en Las Gramas de Arriba (ES7), donde son poco frecuentes. También en Las Gramas Altas son visibles las galerías de acceso y las guías horizontales y cruzadas.

En Las Gramas de Arriba (ES7) el dominio vertical de la mina implica una moderada existencia de galerías, una de ellas con destino a un soplao, posiblemente para evacuar el estéril (figuras 5.2 y 5.3). En estas galerías se concentra el trabajo de extracción mediante barrenos, desmontes y extracción. En Las Gramas Altas el transporte inicial se realizaba mediante cestos de mineral que se tiraban por una rampa para transportarlos por gravedad, hasta la galería de evacuación inferior. Esta comunicaba con el camino carretero por el que se transportaba el mineral y el estéril se volcaba en alguna sima.

Figura 5.1. Sección de la mina y los soplaos de Las Gramas (Sánchez, 2022).

Figura 5.2. Topografía. Alzado de la mina Las Gramas de Arriba o cavidad ES7.

Los pozos verticales son frecuentes en ambos sectores de la mina (ES7 y ES18), principalmente en la primera. En la mina de Las Gramas de Arriba (ES7) los frentes en tajos verticales dominan desde los 26 m a partir de la entrada superior, 67 m por encima de la galería norte. Son explotaciones mediante testeros, donde se sucede el pozo 1, o del Minero Loco, el pozo 3 y el pozo 4, equipados con testeros compuestos por plataformas de madera y escaleras de acceso (figura 5.4). En realidad, en estos sectores mineros de desarrollo vertical la veta es la misma que en las labores pequeñas. Pero al ser una bolsada con más mineral, cuando se vacía queda una cámara grande, que requiere sistemas más complejos de puntales y testeros para poder trabajar en ellos (figuras 3.3 y 3.4). Mientras en los frentes pequeños podían trabajar sobre montones de roca estéril, en los vaciados más grandes no podían apilar el mineral y se recurría a los puntales.

También en Las Gramas Altas se conservan en perfecto estado, en el pozo 1 y en el pozo 2, mostrando el modo de laboreo. Se conservan los testeros, explotación de la cara inferior de un bloque mineral mediante escalones invertidos siguiendo el buzamiento del filón o capa, y armados con tarimas donde el minero realizaba las labores, conectadas por escaleras de madera (figura 5.4).

Las tarimas se construían mediante troncos entallados en la roca y tablones sobre ellos, soportando a una pareja de mineros y sus útiles y con una apertura suficiente entre la tarima y el tajo para permitir que el mineral cayera pozo abajo por gravedad hasta el área de transporte (figura 5.5).

Figura 5.3. Galería del soplao (ES7).

Figura 5.4. Testero en el interior de Las Gramas de Arriba (ES7).

b) Labores de comunicación y transporte mediante galerías, rampas y pozos.

Las galerías son para el acceso del personal, para materiales y para la evacuación del mineral. En Las Gramas existe una amplia representación de labores de este tipo. En la ES7 el acceso desde la bocamina se realiza por una galería, o socavón, equipada con vías para el desalojo del mineral mediante vagonetas. Lo mismo sucede en Las Gramas Altas, si bien no enlaza con una bocamina, y los derrumbes impiden conocer si se extraía en vertical mediante cabrestantes hacia Las Gramas de Arriba, lo que parece probable, o se canalizaba por rampas y pozos mediante gravedad hacia el socavón inferior y la plaza de La Asturiana. Posiblemente ocurrieran las dos cosas, en vertical en una primera fase y conectada a las rampas y soplaos de la ES7 en una segunda fase de trabajo, durante la cual el pozo se usaría para suministrar materiales (madera, chapas protectoras, herramientas, explosivos, etc.) a la galería horizontal de transporte.

Figura 5.5. Idealización de un escenario cotidiano de trabajo en un testero (Jordá, 2008).

En ambas minas se construyeron rampas, galerías de fuerte inclinación, para el transporte de mineral y de materiales sin interferir con los frentes y talleres. En Las Gramas de Arriba (ES7) la porción superior conecta con un frente y se escalona mediante troncos, enlazando con una tarima. La sala del Minero Loco y el pozo 3, están conectados mediante una nueva rampa que finaliza en una amplia plataforma, desde donde se escalonan escaleras y tarimas para transportar el mineral por gravedad mediante un sistema de pozos hasta la galería horizontal, el socavón principal y la plaza de La Asturiana.

En Las Gramas Altas se conservan dos rampas (figura 5.1), la superior tiene un frente de extracción en su mitad y canalizaría el mineral desde el pozo más alto y sus frentes de extracción hacia la galería horizontal. Desde ésta el material se incorpora nuevamente a la rampa inferior que conecta con la galería horizontal de transporte. De este modo, mediante rampas y galerías se evacuaría todo el mineral por la galería inferior hasta su final de vía, en la vertical con el pozo ES11. Se trata de aplicar la ley del mínimo esfuerzo o el ahorro, pues es mucho más eficaz volcar el mineral y que se desplace por gravedad que izarlo. Desde este punto se subiría por el pozo circular a la superficie, y desde ahí o bien se vertía sobre las tolvas naturales (ES10 y ES9 en la figura 5.1) para continuar su trayecto por gravedad a Las Gramas Baja; o bien y lo más probable, se acarreaba por el camino mulero de bajada a La Vueltona y la Horcadina de Covarrobres para descargarlo en las instalaciones de procesado de Áliva.

Sectores	Nº	Elementos	Infraestructura y misión
Superior: Galerías adaptadas al buzamiento 30º	1	Rampa	Troncos transversales de retención Transporte de mineral
	2	Soplao	Desprendimientos
	3	Tarimas	Troncos con tablas cruzadas Trabajos de distribución
Intermedio: Mina vertical	4	Galería vertical	Testeros escalonados y taludes de estériles. Minero Loco Extracción
	5	Galería	Excavada en rampa. En roca Acceso, comunicación de mineros y material.
	6	Pozo vertical, mina	Escaleras y plataformas, troncos y tablones cruzados Extracción de mineral
	7	Galerías horizontales	Pasillos en roca Comunicación con frentes –extracción- y soplaos -acumulación de estériles-
	8	Rampas con estériles	Excavada Acceso mina
	9	Soplao	Natural Acumulación de estériles
	10	Galerías en rampa	Troncos de retención Transporte del mineral
Inferior: Mina horizontal	11	Galerías horizontales	En roca, vagonetas y raíles para transporte Transporte de mineral
	12	Galerías y tajos horizontales	En roca, vagonetas y raíles para transporte Extracción
	13	Bocamina	Excavada en roca, zanja y equipamientos de madera Distribución y selección
	14	Escombreras, diques de estériles	Obra de contención con aperos de madera Tratamiento y selección de mineral
	15	Escombreras, diques de gravedad	Acumulación por gravedad Desechos de estériles

Tabla 5.2. Ambientes de trabajo en la mina de Las Gramas de Arriba (ES7).

Finalmente, los pozos conectaban galerías y rampas, permitiendo el desalojo del mineral por gravedad. En algunos casos, sobre todo en Las Gramas de Arriba (ES7), los pozos de extracción abandonados se utilizaban para el transporte, las escaleras permanecían para el acceso de los mineros y también se aprovechaban los soplaos.

Sectores	Nº	Elementos	Infraestructura y misión
Superior: Mina vertical	1	Galerías de acceso	Excavada en roca. Acceso a tajos
	2	Galería vertical	Testeros escalonados Extracción
	3	Galería horizontal y tajo	Excavada en roca Extracción
	4	Galería horizontal	Pasillos en roca Comunicación con tajos de extracción y rampas de transporte
	5	Rampa	Galería en roca con troncos transversales de retención Transporte de mineral
	6	Galería con tarimas	Troncos con tablas cruzadas Trabajos de distribución y conexión con tajos y rampa.
Inferior: Mina horizontal	7	Galerías horizontales	En roca, vagonetas y raíles para transporte Transporte de mineral
	8	Pozo vertical	Mampostería, conecta con el exterior. Transporte de mineral al exterior. Grúas y escaleras.
	9	Escombreras	Diques de estériles, obra de contención en madera Tratamiento y selección de mineral
	10	Escombreras en soplao	Acumulación por gravedad hacia el soplao Desechos de estériles

Tabla 5.3. Ambientes de trabajo en la mina de Las Gramas Altas (ES18).

c) Los soplaos: pasos y tolvas (acumuladeros).

Un "soplao" es un término minero español típico del norte de España, aplicado en la minería y en la excavación de conductos subterráneos artificiales que se refiere a cavidades naturales que interfieren con las minas o túneles. Su denominación procede del viento que se genera en estos pozos o galerías naturales. Cuando una galería intercepta una cavidad kárstica, se produce una entrada de aire fresco desde la cueva al túnel. A veces, hay accesos de agua asociados con estas irrupciones kársticas que pueden ser muy peligrosas, con elevados flujos de agua y lodo que atrapan a los mineros y obstruyen las galerías. Las Gramas es una cueva minera por su estructura y conexión con el exterior mediante una sima o soplao. En ella se genera un enorme flujo de aire que se refresca con los neveros atrapados permanentemente en las cavidades superiores y sumideros. El flujo de aire sale por la galería inferior a una temperatura de 2º C en verano. En invierno la nieve cubre la superficie con espesores superiores a los 2 metros, sellando el acceso y las bocaminas, acumulando nieve en las entradas, que en los sumideros y pozos verticales de acceso perdura durante gran parte del verano y en ocasiones durante todo el año. Este ambiente frío era el que soportaban los mineros que trabajaban en los pozos y galerías inferiores durante toda su jornada de trabajo.

5.2. Elementos de la mina y el minero

En el complejo de Las Gramas quedan multitud de restos de la actividad minera (tabla 5.4). En las galerías y pozos permanecen tanto los elementos construidos no fijos como los muebles abandonados hace en torno a 100 años y que constituyen componentes significativos del patrimonio industrial, revalorizados por su localización *in situ* (figuras 5.6 y 5.7). Los cestos con mineral, los cubos abandonados y las barras de barrenas son piezas muebles singulares, no por su excepcionalidad en las minas, sino por su conservación en las galerías abandonadas. Del mismo modo, los equipamientos que los mineros iban cambiando o sustituyendo, pero que se conservan en su lugar, son testigos de los usos y funciones durante las labores mineras, en particular las escaleras y tarimas, los testeros, entibados o escalones. Todos estos elementos se encuentran en muy diferentes estados de conservación, dadas las condiciones de humedad. Los que son de madera, la mayoría, están deteriorados y son muy frágiles. Los de metal están muy oxidados y en algunos casos, como las vagonetas cuando son accesibles, deteriorados por el vandalismo.

Figure 5.6. Restos de cestos para el transporte de mineral y cubos de metal en Las Gramas, ES18.

ACTIVIDAD	ELEMENTO	MINA	ACCESIBILIDAD
Transporte	Cestos con mineral	Las Gramas Altas ES18	Mala
	Vagonetas	Las Gramas ES7	Buena
		Las Gramas Altas ES18	Mala
	Vías y raíles	Las Gramas de Arriba ES7	Buena
		Las Gramas Altas ES18	Mala
Equipamiento	Tacos de pared	Las Gramas Altas ES18	Mala
	Pala de metal	Las Gramas Altas ES18	Mala
	Escaleras madera	Las Gramas Altas ES18	Baja
		Las Gramas de Arriba ES7	Muy Mala
	Entibados, escalones	Las Gramas Altas E18	Mala
		Las Gramas de Arriba ES7	Muy Mala
	Cubos metal	Las Gramas de Arriba ES7 Las Gramas Altas ES18	Mala
Extracción	Testeros	Las Gramas Altas ES18	Mala
		Las Gramas de Arriba ES7	Muy Mala
	Barras de barrenar	Las Gramas Altas ES18	Mala

Tabla 5.4. Patrimonio industrial mueble de La Gramas

Figura 5.7. Pinturas mineras en el interior de las galerías de la ES7.

VI

LAS MINAS DE LAS GRAMAS.
UN COMPLEJO PATRIMONIAL

Las Gramas es un complejo minero único que para su estudio y exploración hemos dividido en dos partes, la mina de Las Gramas de Arriba-ES7, que se corresponde con los planos de Mazarrasa (1930), y la mina de Las Gramas Altas-ES18 (ver figuras 5.1 y 6.1). Todo el conjunto se ubica en el denominado Cueto de Las Gramas con su acceso superior a 2090 m, y el inferior a 1990 m.

6.1. El complejo subterráneo de Las Gramas

En la mina de Las Gramas se aplicó uno de los métodos mineros más inteligentes y sorprendentes de los Picos de Europa. Con el fin de evitar excavaciones adicionales y movimientos de mineral y desperdicios, se aprovecharon las simas como pozos naturales, de modo que la excavación de pozos auxiliares fue mínima y están representados solo por algún pocillo de vertido en Las Gramas Altas (ES18) y en el cruce de ramales de la galería larga de La Asturiana (figura 6.3). Las pequeñas minas de la parte alta del complejo minero y algunas galerías intermedias utilizaron los pozos kársticos para arrojar el mineral y el escombro. Los mineros usaban pozos kársticos secundarios para moverse por dentro de la mina, colocando escaleras en la cavidad. De este modo, durante alrededor de 40 años, entre finales del siglo XIX y principios del siglo XX, los mineros excavaron un cuerpo mineralizado vertical con diferentes "bolsas de mineral". El más destacado de estos pozos de circulación de mineros es el llamado "Soplao de las Escalas" (figuras 6.1. y 6.2).

La mina tiene 2 sectores claramente diferenciados por su estructura, funciones y cronología:

a) Sector norte: ES18, ES11.

Contiene pequeños cuerpos mineralizados, algunos de los cuales afloran en superficie en pequeñas bolsadas y formas arriñonadas. Esta fue probablemente la primera parte en ser explotada, alcanzando una profundidad de 20 m a través de una gran fisura natural ensanchada a modo de zanja, galerías y una rampa en espiral hasta alcanzar las porciones más ricas en calamina (minas ES18 y ES7). Estas dos minillas están conectadas por una galería larga en estéril con raíles y un pocillo (ES 11). En los primeros años de explotación extraerían el mineral y también el estéril (que no usasen como relleno) con tornos y cestos desde el interior a la superficie. En los periodos finales de explotación de la mina se realizó la conexión antes mencionada entre las dos minas, de tal modo que los minerales útiles de Las Gramas Altas (ES 18) se llevaban hacia la plaza de Las Gramas de Arriba (ES7, ES 11) por la galería y el pozo. Una vez al exterior el mineral se evacuaba por la pista-senda existente. Por el tipo de raíles y de elementos mineros encontrados (vagonetas, barrenos, cestos, etc), consideramos que estos trabjaos fueron los últimos realizados en la mina de Las Gramas y fueron coetáneos de los realizados en el ramal oeste de Las Gramas de Arriba (ES7). El estado de los objetos de la parte superior de la mina (ES18) da la impresión de un abandono de las cuadrillas mineras con su trabajo en curso, "de un día para otro".

Posteriormente, el beneficio de los filones más altos demandó una estrategia similar y se aprovecharon las infraestructuras existentes para converger en la plaza de La Asturiana.

b) Sector Sur: ES7, ES9, ES10.

Tras el inicio de la explotación en la ES18 descubrieron el cuerpo principal de mineral (sector oeste) en Las Gramas de Arriba (ES7) junto a una enorme cavidad o soplao, de 100 m de profundidad. Esta labor minera se desarrolla en toda la altura del yacimiento desde la parte superior hasta la salida por la plaza de La Asturiana. Una larga galería en roca estéril conecta horizontalmente el campamento minero y la escombrera con el mineral y los soplaos (figura 6.3). En el sector meridional y más bajo (figura 6.3) se ubicó el campamento y el acceso de la galería inferior y la escombrera. La galería inferior conecta dos yacimientos ya vaciados mediante excavación de sendas salas y también da acceso a dos enormes cavidades kársticas verticales o soplaos, de unos 100 m de profundidad. Estos sistemas de pozos kársticos fueron utilizados, unos para descarga de mineral y otro para paso de mineros entre las dos partes, con la gran galería inferior para la salida del mineral. Hoy esta porción se conserva muy bien, si bien existen peligros por derrumbes y el deterioro de las instalaciones (tarimas, tajos, escaleras, soportes) en un ambiente donde domina lo vertical.

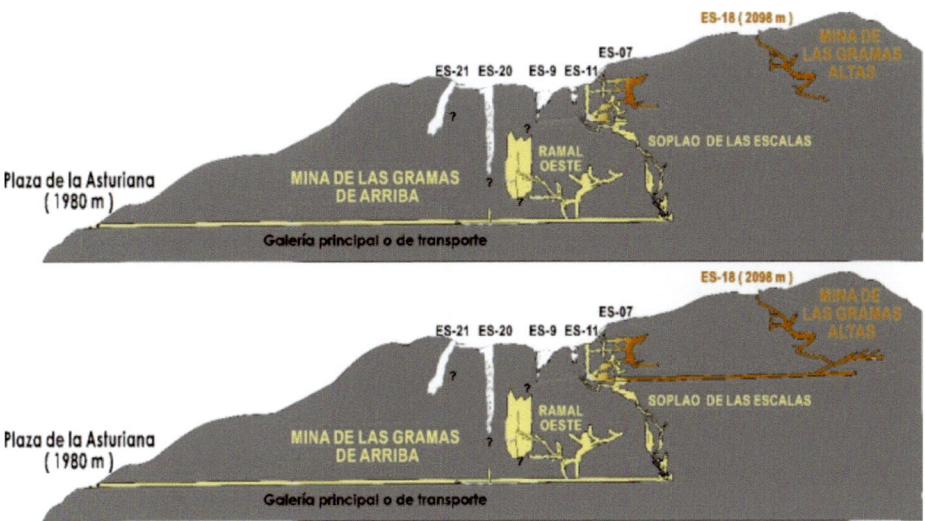

Figura 6.1. Arriba. Primera fase la explotación: el material extraído en ambos sectores se iza y acarrea. Posteriormente aprovecha los soplaos para bajar el material por gravedad y se extraía por la galería de transporte. Abajo. Segunda fase de explotación: se aprovechan las infraestructuras de la fase anterior para sacar el material a la plaza de La Asturiana (Sánchez, 2022).

6.2. Paisaje minero en Las Gramas de Arriba y acceso a ES11.

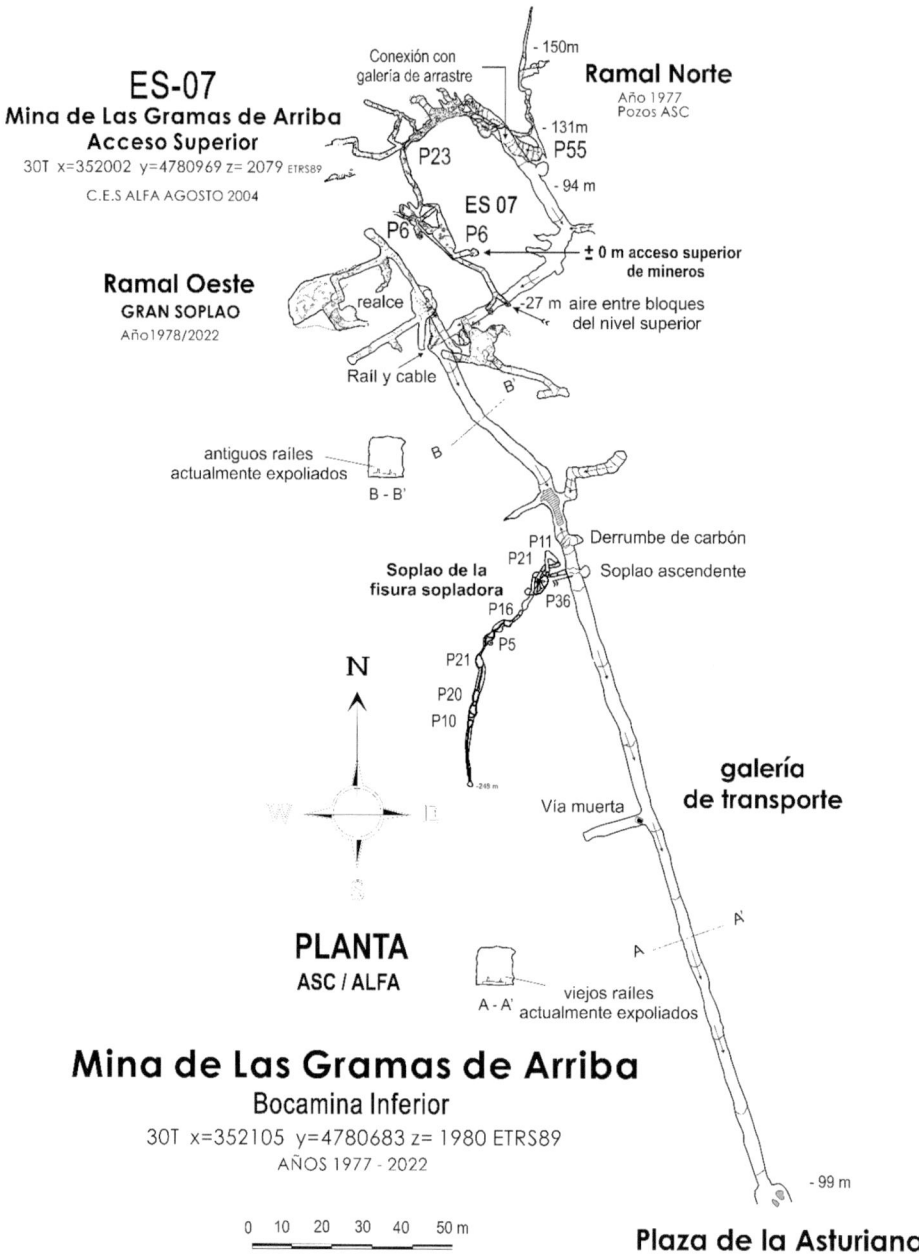

Figura 6.3. Planta de la mina Las Gramas de Arriba-ES7, con representación de la galería inferior de transporte de la mina de La Asturiana.

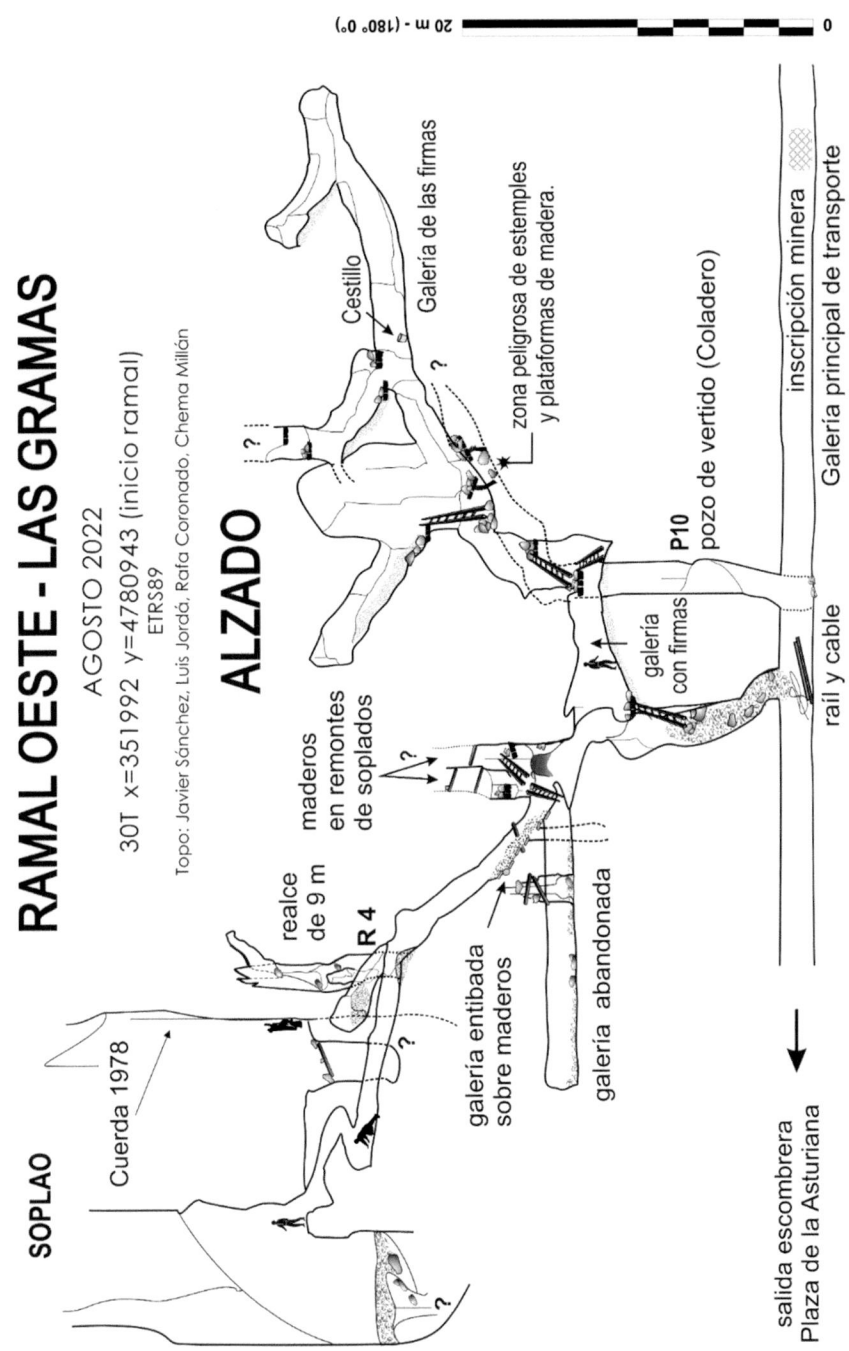

Figura 6.4. Alzado del Ramal Oeste de la mina Las Gramas de Arriba (ES7). El pozo indicado P10 es un pocillo artificial para comunicar los testeros con la galería general de extracción (coladero).

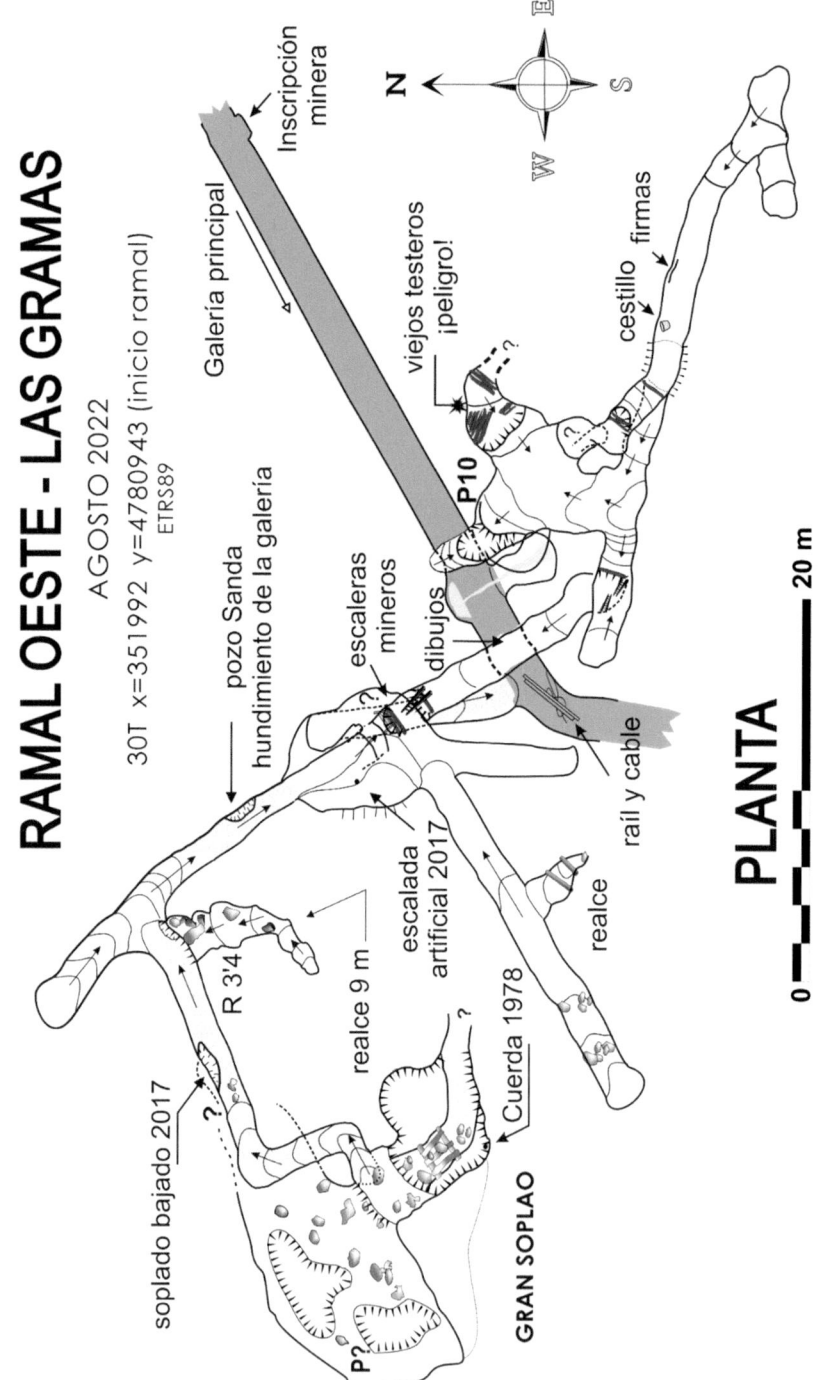

Figura 6.5. Planta del Ramal Oeste de la mina Las Gramas de Arriba (ES7).

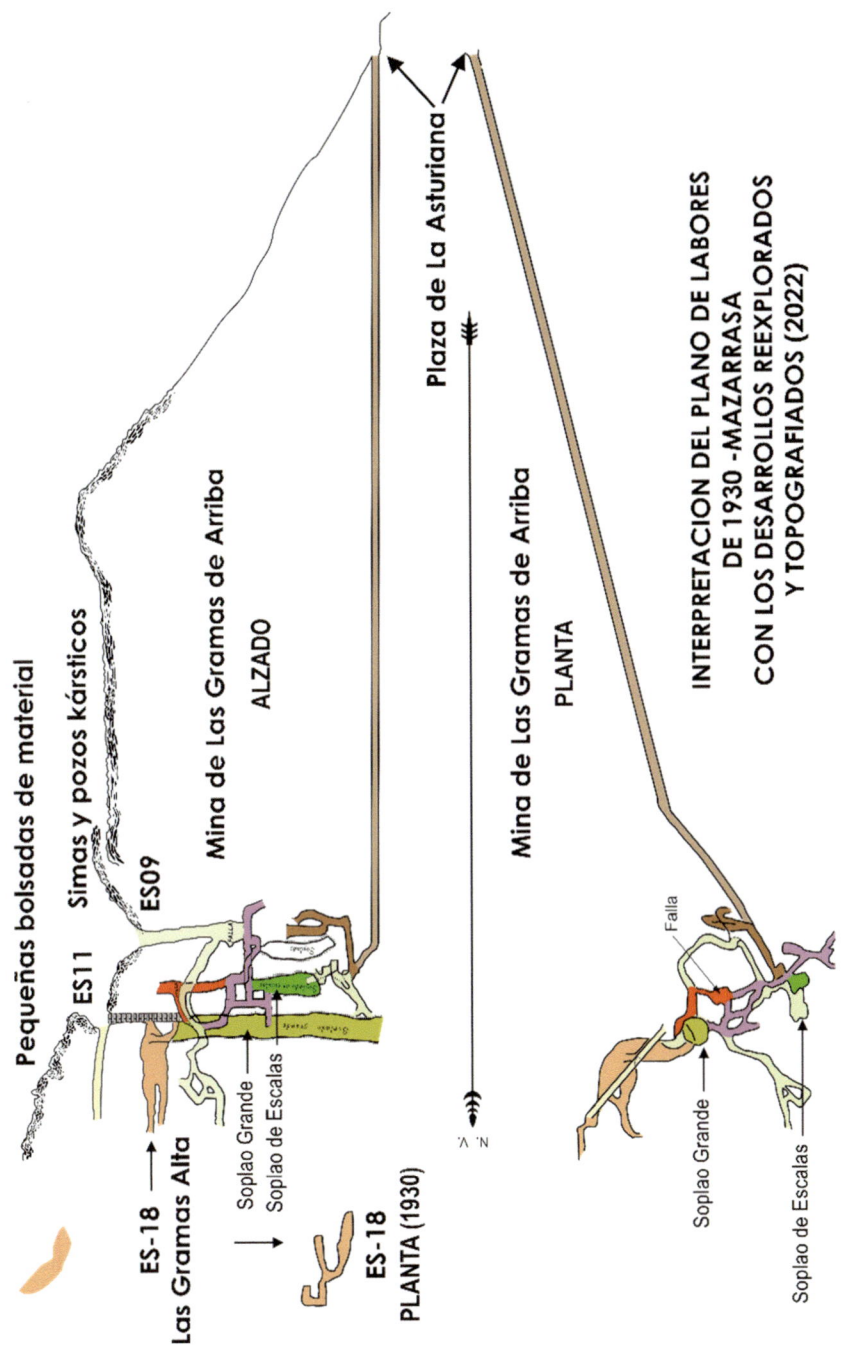

Figura 6.6. Esquema de la mina Las Gramas y soplaos (Mazarrasa, 1930) e interpretación conforme a las exploraciones de CES Alfa. El "soplao" es espectacular por el enorme sonido similar al de un silbato.

Figura 6.7. Izquierda, sumideros naturales (simas) en Las Gramas de Arriba. Los mineros utilizan estos elementos kársticos, en algunas partes agrandados y comunicados por galerías, para transportar el mineral hacia la galería horizontal principal 70 m más abajo. Derecha, pozo de las "escalas", exploración utilizando la técnica de cuerda única (SRT).

El plano publicado por el ingeniero J.A. de Mazarrasa y dibujado a finales de los años 20, durante el último periodo de actividad minera, incluye aparentemente todos los soplaos descubiertos, el utilizado por los mineros (Soplao de las "Escalas") y los escalones excavados en la mina. Pero el plano es demasiado impreciso. Las exploraciones espeleológicas realizadas desde los años 70 (figuras 6.1, 6.3, 6.4 y 6.5) por la Association Spéléologique Charentaise (ASC) y el Club de Exploraciones Subterráneas Alfa (CES Alfa) no muestran todas las cavidades y excavaciones mineras representadas en el mapa de los años 30 (figura 6.6). Algunos de los pasajes y salas superiores aún no se han explorado debido a la peligrosidad de las galerías y los desprendimientos de roca (figuras 6.7 y 6.8).

La mayoría de las escaleras de madera utilizadas por los mineros todavía están en su lugar, pero no es seguro utilizarlas después de 100 años, por eso la exploración y redescubrimiento de las galerías excavadas es un trabajo muy lento y complicado que necesita de técnicas espeleológicas y de escalada artificial (figuras 6.7 y 6.8).

Hoy no conocemos todas las labores subterráneas, pero podemos imaginar perfectamente cómo se explotó la mina. En la parte superior de la superficie aún podemos reconocer varios pozos y simas tolva que se utilizaron para recolectar todo el mineral de las minas superiores y transportarlo por gravedad hacia abajo. Estos pozos (figura 6.9) hoy no se pueden explorar, o es muy peligroso, debido a la gran cantidad de rocas inestables en su interior. Pero es posible sortearlos y llegar a los grandes soplaos que conectan con la parte inferior de la mina pasando por varias cavidades kársticas verticales. Algunas de estas cavidades fueron utilizadas por los mineros para comunicar mediante escaleras con el soplao principal, que fue usado como gran vertedero de desechos y minerales. Este conjunto conecta con la gran galería horizontal de transporte que desemboca en la plaza de La Asturiana, así como con otras galerías y pozos mineros ascendentes y vetas vaciadas que avanzan unos 10-20 metros y terminan (figuras 6.5 y 6.9).

Figura 6.8. Escalas de acceso a testeros en Las Gramas de Arriba (ES7). Se aprecia la instalación de un paso alternativo con anclajes y cuerdas para evitar la utilización de las escalas.

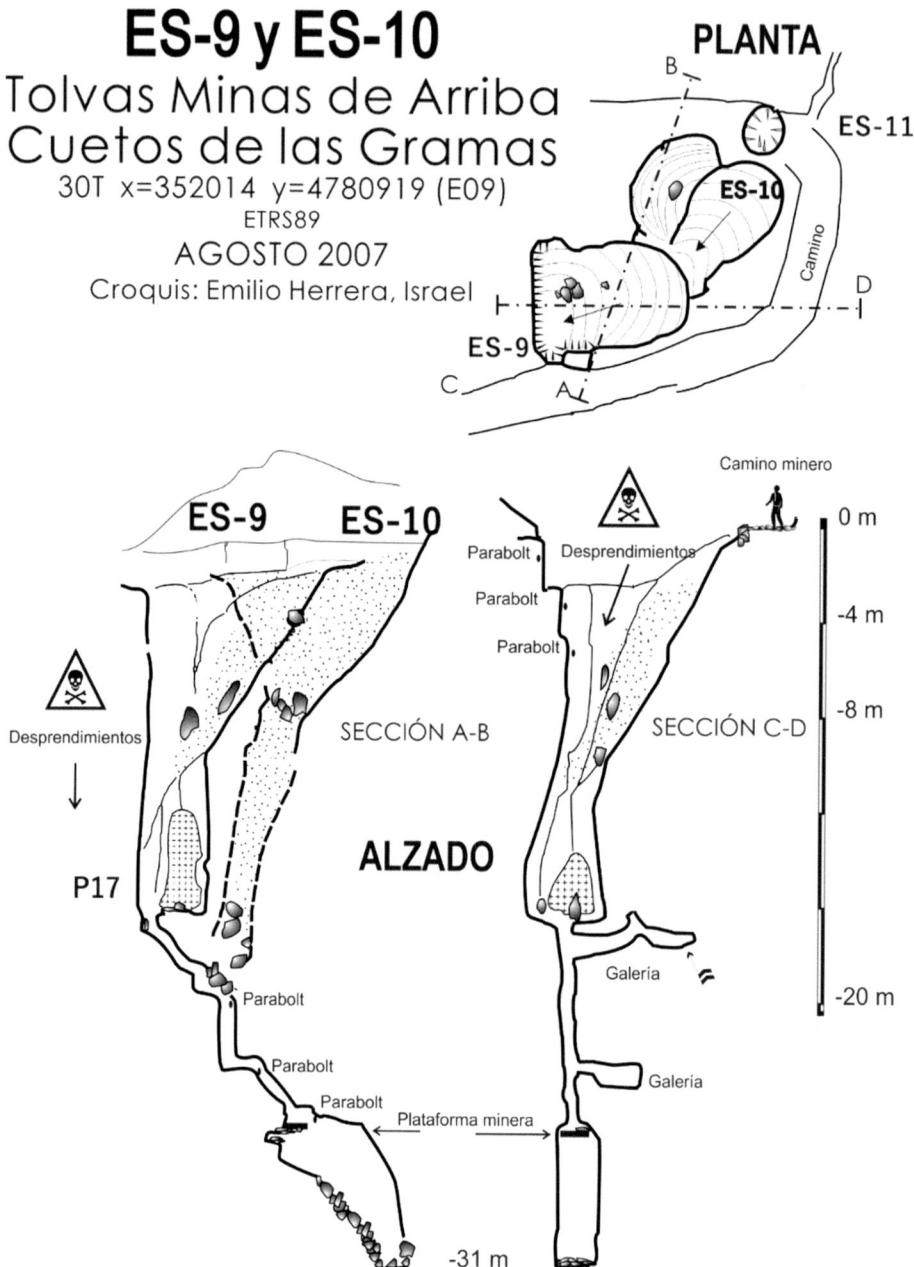

Figura 6.9. Detalles topográficos de las simas utilizadas como tolvas para verter el mineral.

6.2. Las Gramas Altas (ES18). Patrimonio Industrial Minero

Las Gramas Altas o ES18, comprende la porción más elevada y septentrional del complejo minero, con el acceso superior a 2090 m. En este sector afloran pequeños cuerpos mineralizados que fueron explotados en un principio como calicatas desde la superficie hacia abajo. Más tarde se explotaron en profundidad a través de rampas-galerías en espiral. Lo más destacado de esta mina es el excelente estado de los elementos patrimoniales tanto en la parte baja de la gran rampa, como en los tajos, estructuras de entibación y plataformas mineras, además de los restos del equipo minero como canastas y barrenas.

Desde el punto de vista patrimonial, la visita a esta mina superior es de gran interés. En las galerías es posible ver tanto el mineral como los elementos kársticos. En los distintos sectores se aprecian aspectos diferentes y propios de los métodos de explotación de la minería de los Picos de Europa:

1. El acceso actual es mediante una galería que sigue una veta-bolsada de calamina, con algunos restos de entibación en madera y derrumbes parciales (figuras 6.10, 6.11, 6.12).

2. El acceso desemboca en un pozo vertical de 8 m de desnivel, donde se conservan los testeros, plataformas y escaleras para acceder al tajo, así como galerías y salas secundarias. En este sector encontramos una gran cámara de explotación de calamina, de la que quedan restos de la veta, así como algunas galerías secundarias probablemente de exploración, que terminan a los pocos metros.

3. Las cámaras de explotación comunican mediante una rampa descendente en roca estéril estable, cuyo techo sigue el buzamiento de un estrato (en espeleología se denomina un laminador) y se aprecian las fracturas en sus paredes.

4. La rampa conecta con una galería horizontal en estéril debajo de la rampa principal (figuras 6.10 y 6.11) donde hay varios cestos llenos de calamina, como si estuvieran listos para transportar y los mineros hubiesen dejado la mina de un día para otro con trabajo pendiente. Creemos que estos canastos serían material recogido del volcado de los niveles superiores a través de la rampa, pues en la parte superior hay abundante calamina y en esta parte de la mina casi no aparecen. Esta galería se utilizaría en la última época de esta minilla para descargar el mineral al nivel inferior, donde otras cuadrillas lo cargarían hacia la salida de la mina. El fondo de ésta serviría de tolva. No creemos que esta rampa fuese un acceso habitual de los mineros. La presencia de plataformas de madera que conectaban con la galería inferior señala el uso para la comunicación de los mineros con la galería de transporte y los sucesivos tajos horizontales y verticales.

5. Tajos verticales, donde se conservan los testeros para acceder al tajo y evacuar por gravedad el mineral hacia la rampa inferior. Desde el nivel intermedio parte un ramal con varios realces y material abandonado: barrenas, carretilla, bote de carburo, que tiene el aspecto de ser el material más moderno y "reciente" de toda la explotación de Las Gramas. Da la impresión de que estuvieran preparando nuevos tajos y avanzando en labores preparatorias que quedaron inacabadas. También se pueden apreciar algunas galerías y realces que terminan sin dar con veta alguna.

6. Desde la galería horizontal parte una última rampa, desdoblada en dos, quizás una para el material y la otra para el acceso de los mineros, pues en ella no hay mineral, que conecta el nivel intermedio con la galería horizontal de transporte.

7. Galería horizontal de 130 m de longitud para el transporte del mineral mediante vagonetas por raíles, hoy en día bien conservados (figuras 6.13 y 6.14). Esta galería, al norte, finaliza en un fondo ciego, sin mineral y hacia el sur se encamina a la salida. En la salida se aprecia un sector mineralizado y labores de puntales de entibación, pero también la conexión con un pozo de salida. Por esta galería se evacuaría el mineral y también accederían los mineros. Los derrumbes actuales, como ya se ha señalado, imposibilitan la salida, si bien el mineral saldría por el pozo (figura 6.14) para trasladarlo, ya desde el exterior, mediante carretas o vertiéndolo de nuevo hacia la mina inferior. El estado actual no permite saber si existiría una conexión subterránea para continuar transportando el mineral por gravedad, aunque la presencia de un pozo vertical con restos mineros parece atestiguar la conexión de esta porción de la mina con Las Gramas de Arriba (ES7).

Este sector de Las Gramas (ES18) conecta con una gran cámara de la ES11 con calamina de excelente calidad, concrecionada y muy vistosa. Toda esta área de conexión es extremadamente inestable desde el punto de vista geotécnico, con grandes bloques suspendidos y puntales viejos en equilibrio que hacen peligrosa su exploración y visita (figura 6.14).

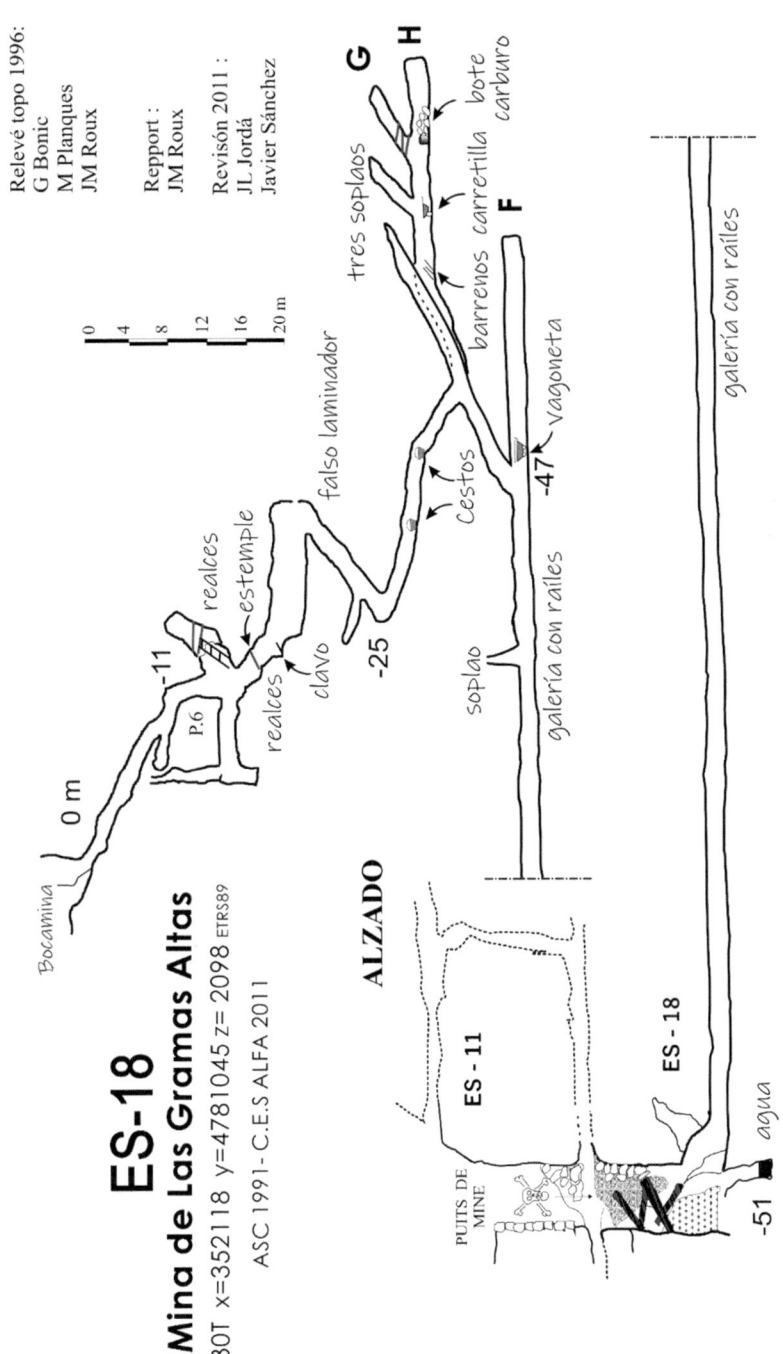

Figura 6.10. Alzado de Las Gramas Altas con representación de los elementos mineros patrimoniales (Sánchez Benítez, 2021).

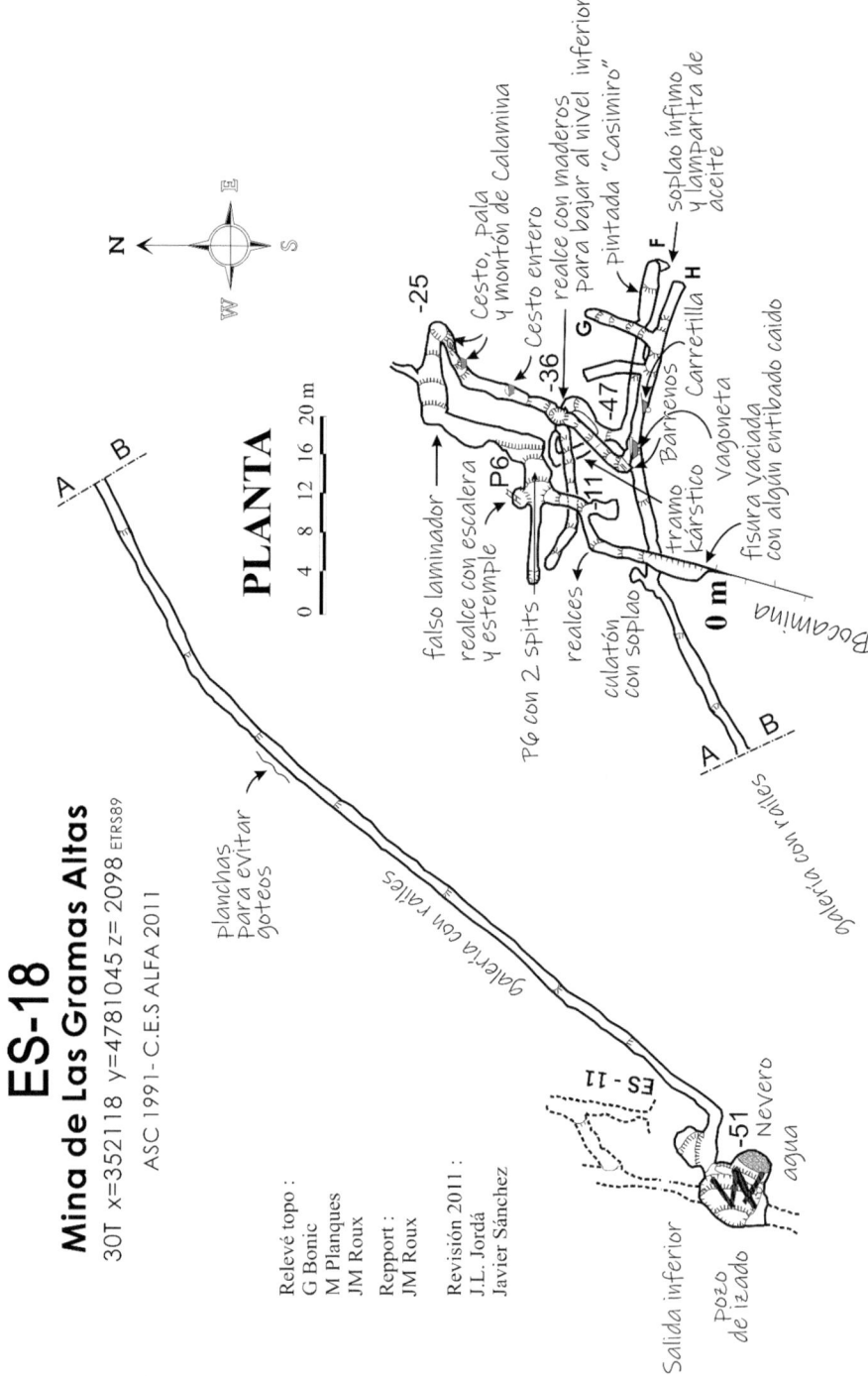

Figura 6.11. Planta de Las Gramas Altas (Sánchez Benítez, 2021).

Figura 6.12. Acceso a Las Gramas Altas, junio de 2018.

Figura 6.13. Las Gramas Altas. Arriba, pozos de accesos; abajo rampa con el techo siguiendo la estratificación y galería de estéril.

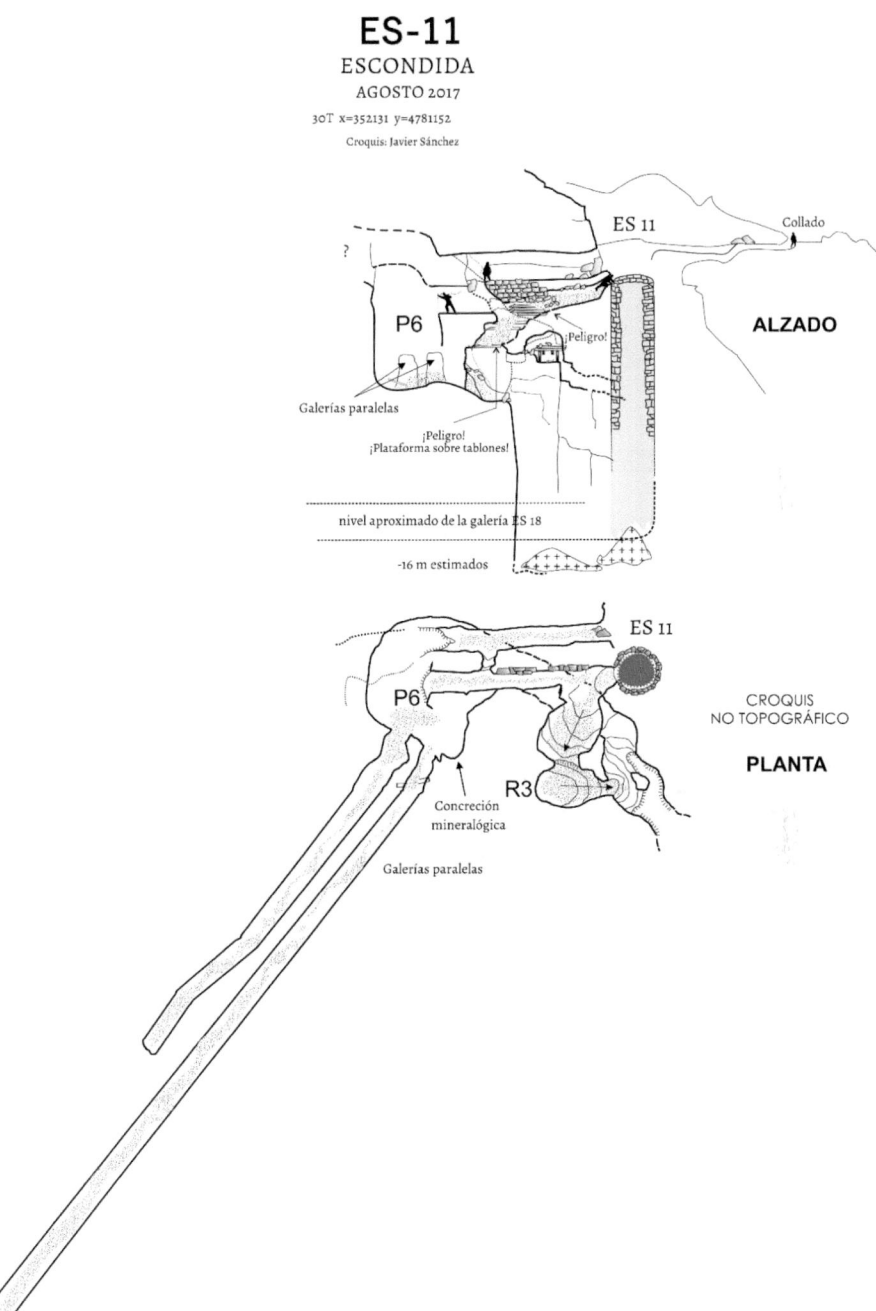

Figura 6.14. Alzado y planta de la ES11, y representación de la conexión con la ES18.

6.3. Las Gramas (ES7). Parte inferior de la mina: acceso principal y campamento minero

El camino carretero que parte desde El Cable (estación superior del teleférico de Fuente Dé) accede a la plaza de La Asturiana, sector principal del campamento minero, en 45 minutos. La plaza es una amplia superficie construida con los vertidos de deshechos mineros que generan una extensa escombrera donde se localizaban varios casetones.

A través de una pequeña zanja-calicata se accede a la bocamina de la galería de transporte principal de la mina (figura 6.15), desde donde se sacaba el mineral extraído de los tajos y se desplazaba por gravedad mediante rampas, pozos y soplaos.

Figura 6.15. Bocamina principal de acceso a las minas de Las Gramas en la plaza de La Asturiana (ES7).

1. Galería de transporte. La galería es para evacuar el mineral y forma parte de las infraestructuras mineras excavadas en roca estéril de buena calidad que no requiere entibación ni refuerzo y permitía una larga duración de la galería y la ausencia de problemas de estabilidad (figura 6.16). El objetivo de esta galería no era, pues, la exploración ni la explotación de los sectores mineralizados, sino exclusivamente la extracción al exterior tanto del mineral como de los estériles que no eran utilizados o recolocados como relleno en el interior. A 70 metros de

la entrada hay una pequeña galería secundaria prospectiva que podría usarse, quizás, para almacenar explosivos o vagonetas sin uso. También se abre un soplao, en una pequeña abertura, hoy en exploración por los espeleólogos del ASC Charentaise con un importante desarrollo en profundidad, 150 m (figura 5.1), si bien, dadas sus dimensiones, no tuvo ninguna utilidad durante la explotación de la mina.

2. Colapso del techo. A 120 metros de la entrada el techo de la galería ha colapsado debido a la existencia de una veta de calizas posiblemente bituminosas y un afloramiento de roca muy fracturada. El derrumbe crea una presa y en el otro lado el nivel del agua puede llegar a un metro sobre el piso en una porción inundada de 10-20 m de longitud, dependiendo de la temporada.

3. Galería de transporte. La galería atraviesa los restos de una puerta para limitar la corriente y ventilación (figura 6.15 abajo a la derecha) y continúa 30 metros más hasta un cruce donde se divide en 2 sectores. Uno sigue recto y el otro gira hacia la izquierda. Este último, es el sector oeste de la mina.

4. Ramal oeste. Desde la galería principal se accede a un sector de mineralización de calamina intensamente explotada donde se conservan muy bien las estructuras de trabajo en altura, escalas, etc. (figura 6.17). Todo ello termina en un gran soplao por el que los mineros no continuaron.

5. Ramal Norte. A la derecha de la bifurcación prosiguen los raíles y se atraviesa alguna pequeña área kárstica para llegar a un sector mineralizado de menor entidad. Esta porción tiene una importante karstificación, explorada hacia abajo por espeleólogos, pero, aparentemente, no por los mineros. Hacia arriba, esta zona de soplaos comunica con la superficie, donde aflora en forma de amplias depresiones en embudo que han sido muy deterioradas por la actividad minera. Por uno de los soplaos se volcaba mineral y estéril y por el otro, el denominado "Soplao de las Escalas", los mineros progresaban por sucesivas escaleras de madera conservadas *in situ*, aunque deterioradas por la humedad. El primero de ellos alcanza la parte superior de la mina, 100 m hacia arriba, conformando su cuerpo principal (figura 5.1). En este sector se conservan restos mineros abandonados en diferentes lugares de la galería (figura 6.18).

Figura 6.16. Galerías con escalas de acceso a los tajos y galería de transporte con puerta de madera en Las Gramas (ES7).

Figura 6.17. Las Gramas, ES7. Arriba, galerías de acceso a los tajos, abajo a la izquierda, escala de acceso y a la derecha detalle inferior de un testero.

Figura 6.18. Restos de cestos para el transporte de mineral y cubos de metal en Las Gramas, ES18.

VII

PATRIMONIO Y PAISAJE MINERO.
UN SISTEMA INDUSTRIAL EN EL CORAZÓN DE PICOS DE
EUROPA.

PASADO, PRESENTE Y FUTURO

7.1. Un paisaje minero construido en dos fases

Los restos mineros dispersos por el Cueto de Las Gramas configuran el paisaje minero del sector La Vueltona-Las Gramas-Fuente Escondida y presentan infraestructuras correspondientes a diferentes periodos de explotación. El modo de explotación y el transporte muestran dos fases principales en la explotación minera que han dejado huella en el paisaje.

a) Primera fase de explotación (figura 6.1a).

La primera fase se caracteriza por las explotaciones de vetas mediante zanjas y tajos al exterior, de escasa profundidad, tanto horizontales como verticales. En el paisaje se concreta en multitud de zanjas y tajos con pequeñas escombreras al frente que salpican el Cueto de Las Gramas desde La Vueltona hasta Fuente Escondida. Los mineros explotaban estas menas mediante sistemas de picado al exterior de los materiales más blandos, y sólo en algunos casos hay muestras de barrenado. Se trata de una explotación discontinua y esporádica siguiendo menas y embolsamientos de mineral en los afloramientos de dolomías con calcinación del mineral, en algunos casos, al aire libre.

El mineral se transportaba a la espalda y mediante mulas, pues aún no se había construido la red de pistas carreteras y las sendas conectaban las bocaminas y catas. Las sendas peoniles unen las diferentes bocaminas y se construían sobre el sustrato o los depósitos de ladera, pero también se construyeron sendas armadas que han perdurado hasta la actualidad. La principal, el Camino Viejo de Las

Gramas, conectaba Lloroza con la porción alta del Cueto, pero con la construcción del camino carretero fue interrumpida y destruida en los lugares donde la cruza, en al menos dos ocasiones. Casi todas las sendas fueron parcialmente destruidas cuando se construyó la red de pistas carreteras y con el abandono de las minas.

Este tipo de explotación se corresponde con el inicio de la actividad minera. En la plaza de La Asturiana el grabado minero señala la fecha de 1830, junto a "Frama" y debajo "S b q o", que puede denotar el inicio de la actividad minera anterior a la minería del zinc. Esta fecha es muy temprana, por lo que presuponemos que se trata de las primeras concesiones y delimitaciones, con el inicio de las labores unos años después, cuando se pone en explotación el Cueto de Las Gramas, si bien se desconoce la fecha exacta.

El conjunto de labores mineras se corresponde sobre todo con el periodo de explotación del sector de Lloroza, Fuente Escondida, Altáiz y la canal de San Luis por empresarios cántabros y la sociedad belga Vieille Montagne, como monopolio europeo del zinc. En la mayoría del sector se conservan las huellas de esta fase, como sucede en la canal de San Luis, donde la senda de los Burros nunca fue transformada en pista carretera, o en el sector de Altáiz, donde se conservaron las sendas peoniles junto al cable. La empresa belga promocionó el uso de teleféricos (cables en el argot local) para bajar el mineral de modo eficiente desde los lugares más problemáticos y alejados. Aunque se conservan retazos en Altáiz, no existieron en el sector de Las Gramas.

La primera fase de explotación es la de máxima expansión y rentabilidad de la explotación del zinc en los Picos de Europa, iniciada en 1859 y activa hasta la última década del siglo XIX. En Asturias la mayor producción de zinc tiene lugar hacia 1871, coincidiendo con un alza de precios (Rodríguez et al., 2006). En 1873 se instala el casetón de Lloroza y se mantiene la rentabilidad abriendo nuevos sectores de explotación, como Liordes. En este periodo el mineral se transporta a los puertos cantábricos y de estos a Bélgica (Arce, 1859), donde poseía sus instalaciones principales la sociedad Vieille Montagne. Pero con la apertura de la planta de tratamiento de Arnao (Asturias) por la Real Compañía Asturiana de Minas cambiaron las condiciones y dio comienzo una nueva época en la minería de Picos de Europa.

b) Segunda fase de explotación (figura 6.1b).

Desde 1876 la Real Compañía Asturiana de Minas sustituye a Vieille Montagne y se construyen nuevas infraestructuras de transporte en los Picos de Europa: las pistas carreteras (Gutiérrez Claverol y Luque, 2000; Gutiérrez Sebares, 2007; Ansola et al., 2014). Pero será en la década de los 90 del siglo XIX cuando Asturiana de Zinc, una compañía filial de la Real Compañía Asturiana de Minas, se centra en Lloroza con nuevas e importantes inversiones.

Estas se concentran sobre todo en la explotación minera subterránea, donde se invierte en nuevas infraestructuras. El objetivo es excavar nuevas galerías y pozos en zonas estériles para acceder de forma más eficaz a la veta mineralizada y que el laboreo no se viera entorpecido por la superposición de los trabajos de extracción, desescombro, drenajes, etc. También se invierte en infraestructuras exteriores para las labores mineras, como la construcción de pistas carreteras y cables. En este momento parecen abandonarse las explotaciones en zanjas y tajos exteriores para concentrarse en Fuente Escondida y Las Gramas. Las infraestructuras subterráneas son más complejas y comprenden galerías y pozos de varios centenares de metros, tanto horizontales como verticales, con las consiguientes escombreras en las bocaminas. El transporte del mineral se realizaba en vagonetas en las galerías principales de transporte y en capazos o carretillas en galerías y pozos secundarios. Una vez extraído al exterior, el mineral se bajaba en carretas hasta Áliva y Espinama y hacia los puertos cantábricos.

En 1898 se instala el cable de Fuente Dé y para ello se construyen sendas peoniles nuevas, pero sobre todo, se levantan las pistas carreteras que accedían desde el cable y desde Áliva hasta Fuente Escondida y Las Gramas. Los casetones se multiplicaron en función de la complejidad de las explotaciones y las necesidades para el trabajo y la vida cotidiana, con la proliferación de oficios necesarios para las labores mineras (prospección subterránea, picadores, barreneros, carreteros, muleros, herreros, rancheros y obreros). A este periodo corresponden las construcciones en torno a la denominada plaza de La Asturiana y el casetón de Las Gramas de Arriba, con 87 m^2 de planta, y todos ellos conectados por caminos carreteros, así como el complejo de Fuente Escondida, con al menos diez edificaciones y una pista de 3,5 m de ancho y bien armada con muros al interior y al exterior que alcanzaba la bocamina.

En las explotaciones subterráneas de Las Gramas, durante esta segunda fase, se aprecian dos periodos también diferentes.

b.1) Un primer momento de explotación con la excavación de minas de reducido tamaño, principalmente centradas en la actual ES18. El material extraído se izaba al exterior y se transportaba por los caminos y sendas existentes, en ocasiones aprovechando las cavidades kársticas y soplaos.

b.2) Un segundo periodo caracterizado por la fuerte inversión en la canalización del transporte del mineral hacia abajo y la excavación de las grandes galerías de transporte que permitían sacar el mineral hacia la plaza de La Asturiana. La mina se hace más compleja, dominando las explotaciones en vertical, donde alternan los usos de los soplaos con la elaboración de pozos verticales y la explotación de las menas en tajos también verticales.

Estas fases constructivas pueden estar relacionadas con el descubrimiento interno de nuevas menas y la oportunidad de rentabilizarlas, más que con la coyuntura económica del zinc, si bien las fuertes inversiones en excavación y equipamiento de galerías e infraestructuras de transporte acometidas en las minas estará relacionada con periodos de elevada rentabilidad de la minería del zinc en la alta montaña.

En conjunto, este periodo se corresponde con la mayor labor extractiva y periodos de alza del precio del zinc, como los de 1900-1907, 1913-1918 o 1923-1927 (Gutiérrez Claverol y Luque, 2000). La principal alza de los precios coincide con la Primera Guerra Mundial, entre 1914 y 1918, cuando la minería en Picos de Europa se expande a favor de su rentabilidad. El mineral en un primer momento se transportó a los puertos cantábricos, pero después se llevó a Arnao, donde la planta de AZSA procesa los minerales y produce directamente los lingotes de zinc. Tras la Primera Guerra Mundial, con la reapertura de las factorías belgas y del centro de Europa, el precio del zinc decae y se cierran muchas de las minas de los Picos de Europa, lo que afecta a Las Gramas, aunque mantiene su producción hasta mediados de los años 20 (Mazarrasa, 1930; Santos, 2018).

La minería de la alta montaña es muy costosa y poco rentable por el volumen de las producciones, los costes de transporte y los breves periodos anuales de explotación. Benigno Arce (1879) muestra los gastos derivados de las explotaciones de montaña, que se concentran en el arranque del mineral y el transporte, sumando ambos el 76,6% de los gastos de explotación, y de ellos casi la mitad son los de transporte (36,7%). Detrás le siguen tratamientos del mineral, como la calcinación, si bien representa un 9,6 % de los gastos acometidos por las empresas mineras en ese momento (tabla 7.1).

Gastos de explotación	%
Arranque del mineral	39,9
Fortificación, canteras, material de explotación, conservación de caminos	5,5
Calcinación. Pilas al aire libre y hornos	9,6
Transporte a puerto y gastos de embarque	36,7
Varios	1,8
Dirección y administración	3,3
Imprevistos y embargos.	3,2
Total	100

Tabla 7.1. Porcentaje de gastos de explotación para la obtención y transporte del zinc en Picos de Europa (Modificado de B. Arce, 1879).

LABORES	FASES		
	1 **~1859-1890**	**2** **~1888-1918**	**3** **~1924-1929**
Extracción	Vena superficial. Galerías	Galerías y pozos	Venas y galerías
Transporte	Hombro Mula Cables	Hombro Mula Carreta Cables	Hombro Mula Carreta
Tratamiento	No	No	No
Infraestructuras	Sendas peoniles Sendas armadas Escombreras (<50 m²/mina) Plataformas Cables	Sendas peoniles Sendas armadas Pistas carreteras Galerías mineras Explanadas de distribución Casetones (vida, almacén, mulas) Escombreras Plataformas Cables	--
Trabajos mineros	Prospección Picador Barreneros Explosivos Mulero	Prospección subterránea Picadores Barreneros, explosivos Transporte subterráneo Carreteros Muleros Cocineros, rancheros Obreros (pistas, edificios) Selección mineral	Picador Barrenero Mulero
Empresa	Vieille Montagne	Compañía Asturiana de Zinc	¿? AZSA
Inversión	Moderada	Alta	Muy Baja
Venta mineral	No, a Bélgica	No, a Avilés	¿? AZSA
Rentabilidad	Moderada-Alta	Alta-Muy Alta	Baja
Afección paisajística	Alta	Muy Alta	Nula

Tabla 7.2. Fases de trabajo y construcción del paisaje minero de Las Gramas.

La minería del zinc se centraría en explotaciones más grandes, tecnificadas y mejor comunicadas, como Reocín, La Florida o Udías, y tan solo la mina de Áliva, el mayor depósito de Picos de Europa puede competir en ese nuevo escenario. Por tanto, la minería tradicional de los Picos de Europa cesa su actividad. No era una minería primitiva, sino laboriosa, que requería de una mano de obra muy cualificada para trabajar y colocar estructuras en vetas estrechas e irregulares, con una escasa producción. El tipo de laboreo de vetas y bolsadas estrechas que se hacía en estas minas no es algo del pasado remoto ni precario, se siguió empleando en España para minería de wolframio, plata, plomo y oro hasta bien avanzados los años 70 del siglo XX y hoy en día en muchas minas de la zona andina se emplean estas técnicas para minerales de alta ley y valor como el oro y la plata.

b.3) Hay indicios de explotación posterior en el interior de las minas, aprovechando las infraestructuras existentes, sin construir nuevas. Es este un periodo de aprovechamiento menor de menas y de dudosa adscripción, que pudiera vincularse a nuevas campañas y reaperturas de minas entre 1924 y 1928 (VVAA, 2018), o bien a los intentos de potenciar el laboreo de menas de zinc durante el periodo de autarquía franquista, si bien este hecho parece limitarse a las explotaciones de AZSA en Áliva (Jordá, 2016). Las Gramas y Altáiz pudieron dejar de funcionar definitivamente a principios de los años 1920 (Santos, 2018) o conforme a las informaciones de Mazarrasa (1930), definitivamente tras el último alza del precio del zinc (1923-1927) entre 1926 y 1929, cuando el crack del 29 cierra el ciclo minero en Lloroza (Gutiérrez Claverol y Luque, 2000).

7.2. Un paisaje minero patrimonial

Todas estas labores mineras representan el progreso para unos, la riqueza para otros y la supervivencia para la mayor parte de los protagonistas de esta corta historia que ha dejado un nuevo paisaje, hoy poco evidente, entre las oquedades y repliegues de las calizas de Picos de Europa, pero visible para una mirada atenta. Es una herencia física, constituye el patrimonio humano que salpica la alta montaña y es preciso imaginar, conocer y mantener en la memoria, como parte de un Parque Nacional que contiene un rico patrimonio natural, pero también, por su riqueza minera, un amplio patrimonio industrial circunscrito a sus márgenes.

En la actualidad los restos mineros están abandonados tanto en su uso minero, como en su utilización cultural y como recurso patrimonial o turístico. Superar este abandono conlleva la necesidad de un cuidado y conservación de los elementos más sobresalientes, y por tanto la valoración previa por parte de las autoridades del Parque Nacional y de los usuarios del mismo. Abandono, pues, centrado en el deterioro natural e inducido por la propia actividad minera (de las galerías, las infraestructuras exteriores, las pistas) y de la consideración de un bien cultural heredado de la historia del macizo y de la alta montaña en particular.

Su presencia como elemento perturbador del medio natural e incluso del paisaje primigenio de la alta montaña no ha permitido una mirada amable e interrogativa a los restos de una historia ya superada, que ha dejado huellas y testigos de una actividad humana singular y ha reconfigurado el paisaje natural en un paisaje minero, en algunos lugares de modo más amplio como en Ándara, o en otros más puntual como en Las Gramas. A pesar de la atención prestada por numerosos estudios a la historia de la minería (p.e. Gutiérrez Claverol y Luque, 2000, Gutiérrez Claverol et al., 2006; Rodríguez et al., 2006; Gutiérrez Sebares, 2007; Santos Briz, 2016, 2018), a su inserción en el medio humano y ambiental (p.e. Odriozola, 1978, 1980; González Pellejero et al., 2001) y de su valor patrimonial (p.e. Jordá et al., 2002, 2008; González Trueba y Serrano, 2010; González García y Gómez Lende, 2011; Jordá y Jordá, 2011; Jordá, 2016) se mantiene un abandono actitudinal por parte del Parque Nacional, salvo en el Macizo Occidental, y de los usuarios ante una actividad histórica que propició la entrada del turismo y la investigación hacia la alta montaña. Considerar las obras mineras decimonónicas como una agresión al medio natural y a la ecología conlleva el abandono de las pistas e infraestructuras que en la actualidad se deterioran a gran velocidad. Sin embargo, los restos de la arqueología industrial existentes en los Picos de Europa deberían ser cuidados como testigos de un pasado y un paisaje hoy desaparecido.

El futuro de las huellas y restos de la minería es su consideración como un bien propio de la historia del territorio y del paisaje, como un legado imprescindible para entender la ocupación humana de la alta montaña y también de las poblaciones del entorno en los últimos 150 años. Conservar y usar un patrimonio industrial enclavado en plena alta montaña donde el senderismo, el excursionismo y el alpinismo se entrecruzan en los caminos, las galerías o los casetones mineros y que ya ha sido precisado con claridad.

El Comité Internacional para la Conservación del Patrimonio Industrial (TICCIH), en la Carta de Nizhny Tagil (Moscú, 2003) define el patrimonio industrial como "los restos industriales que tienen un valor histórico, tecnológico, social, arquitectónico o científico, espacios de transformación, infraestructuras, edificios, maquinaria, modos de vida (social, costumbres)", que cumplen plenamente las minas abandonadas de los Picos de Europa. En España, el Plan Nacional de Patrimonio Industrial, desarrollado por el Instituto de Patrimonio Cultural de España (IPCE), aprobado en 2011 (PNPI, 2011), presenta una amplia definición que incluye además de "el conjunto de los bienes muebles, inmuebles y sistemas de sociabilidad relacionados con la cultura del trabajo", su consideración "como un todo integral compuesto por el paisaje en el que se insertan, las relaciones industriales en que se estructuran, las arquitecturas que los caracterizan, las técnicas utilizadas en sus procedimientos, los archivos generados durante su actividad y sus prácticas de carácter simbólico". También hay un patrimonio inmaterial, el de las costumbres y tradiciones. En el caso de la actividad minera de Picos de Europa, salvo las minas de Áliva en la última mitad del siglo XX, no hay ya trabajadores que pudieran contar como fueron estos trabajos en las zonas de alta montaña, pues ha pasado ya mucho tiempo desde el final de la actividad minera.

El futuro pasa, pues, por las tendencias actuales de conservación del patrimonio minero desde amplios puntos de vista y su integración como patrimonio territorial en una triple condición, la de memoria del lugar, la de seña de identidad colectiva y la de recurso (Benito del Pozo, 2002). Además, esta minería "alumbró" un patrimonio geológico que de otra forma sería invisible. En muchas de estas minas tenemos acceso a vetas de calamina, blenda acaramelada, fósiles, etc., de gran valor para su estudio y por su belleza.

Desde estas perspectivas, la memoria del lugar pasa por su recuperación y valoración, que permitirá la conservación de los testigos físicos o sociales de la minería. Para ello, en Las Gramas y en las minas abandonadas hace ya cerca o más de 100 años, son la arqueología industrial y la información archivística las vías de conocimiento y expresión de la memoria. Pero su conocimiento sobre el terreno, la arqueología industrial, pasa por la actividad y exploración espeleológica como método de obtención de la información necesaria para su valoración patrimonial, ya sea como memoria del lugar o como recurso. Por ello, el futuro debería implicar la continuidad de las acciones ya iniciadas para un conocimiento pormenorizado de la actividad minera al exterior, y sobre todo de las actividades espeleológicas en el interior de las minas de los Picos de Europa.

Hay que añadir, con una visión también de futuro, la incorporación de nuevos usos orientados a su conservación, transformando los restos abandonados en recursos culturales que permitan al visitante del Parque Nacional Picos de Europa y al poblador local mantener la memoria del lugar y conocer las señas de identidad de un pasado reciente, ya mal conservadas en la memoria colectiva. Este futuro debe conectar con las nuevas corrientes sociales donde la acción y la actividad se entrecruzan con el conocimiento cultural y del territorio, donde se enmarcan la actividad industrial del pasado y la historia de la minería. Se trata de convertirlo en un recurso cultural, geoturístico en el sentido del uso de los elementos territoriales, geográficos y geológicos para el disfrute y la valoración del patrimonio (Declaración de Arouca, 2011). La singularidad de la minería en los Picos de Europa y su condición de Parque Nacional implica su uso como actividad cultural y de aventura controlada, que permita el acceso al reconocimiento integral de los restos mineros, su componente territorial y de los modos de vida y trabajo.

7.3. Potencialidad del uso cultural

El acceso cultural al conocimiento de la minería de alta montaña, tanto geográfico, mediante el reconocimiento integral de los restos mineros con su componente territorial; como técnico, relativos a la extracción y tratamiento del mineral; sociológicos, relativos a los modos de vida y trabajo; o espeleológicos, como método de exploración y conocimiento de las minas subterráneas abandonadas, pasa por su reconocimiento sobre el terreno mediante actividades de excursionismo, o como ya hemos señalado, de aventura controlada. Para explotar el potencial de uso se requieren acciones que incluyen la recuperación, el equipamiento y la gestión de las minas que son aptas para el desarrollo de un turismo cultural y activo. Estas propuestas se basan en cinco principios potencialmente aplicables al sector de las minas de Las Gramas:

- La adecuación y selección de galerías con el acondicionamiento exclusivamente de los accesos y la seguridad. Para ello, son muy adecuadas las técnicas de turismo de aventura, bien conocidas y consolidadas, como son las de las vías ferratas, que permiten la conservación de los elementos mineros y la minimización del riesgo, con tecnologías ya contrastadas en Europa.

- El acceso de grupos pequeños y guiados por intérpretes del medio, como elemento fundamental de la actividad para mostrar la estructura y organización de la mina, los sistemas de trabajo y los modos de vida en torno a la minería, así como su imbricación con las infraestructuras del exterior. Este aspecto implica el tratamiento conjunto, como un todo, de los accesos, sistemas de transporte, organización del exterior y del interior, labores mineras en superficie y subterráneas, para conseguir una interpretación y la comprensión adecuada de los paisajes mineros.

- Es imprescindible garantizar una experiencia vivida de conocimiento cultural interpretado y colectivo, capaz de aportar al visitante una visión integrada y novedosa de la historia minera en la alta montaña. No se trata de reproducir la experiencia minera, sino de aproximarse a ella *in situ* mediante vivencia personal del acceso a una mina abandonada y por tanto a un patrimonio singular pero frágil.

- El conocimiento virtual de los ambientes mineros mediante técnicas como M-Learning (aprendizaje móvil) realidad aumentada y metaverso: digitalización y nuevas tecnologías. Las nuevas herramientas digitales, cada vez más realistas y al mismo tiempo más "amigables" de manejar, pueden permitir realizar visitas virtuales al interior de las minas, muchas de cuyas zonas no son accesibles para el gran público, desconocedor de las técnicas de espeleología. Estas visitas virtuales se podrán realizar desde dispositivos móviles (teléfonos, tabletas informáticas, etc.) o desde los centros de interpretación e infraestructuras turísticas, complementadas con las visitas del exterior de las minas.

- La apreciación cultural de la minería debe ajustarse a los tres presupuestos básicos de conservación, uso y gestión. Una gestión que posibilita un uso duradero y la conservación del patrimonio minero y natural, lo que redunda en la sociedad. La gestión se debe centrar en la rehabilitación de pistas, sendas e infraestructuras para evitar que se pierdan las existentes, todo ello mediante un mantenimiento no agresivo que impida la desaparición de una parte del patrimonio minero, como está sucediendo con las pistas peoniles y carreteras. La conservación implica limitaciones de uso, como ya está establecido en el parque nacional, como es el caso del tráfico de vehículos y maquinaria pesada. El uso es el mejor modo de conservación, por darle una utilidad, y en este caso la mejor opción es una orientación geoturística fundamentada en el senderista y el caminante, guiado o por libre, sin infraestructuras ni en el exterior ni en el interior. Debemos huir de la cartelería o la señalización, a menudo agresiva y de difícil mantenimiento en la alta montaña, y que deterioran la visita de la mina abandonada.

El visitante debe tener acceso a la información, pero esta se debe adquirir previamente y puede ser portada por el propio excursionista –trípticos en papel o teléfono- u ofrecida por guías e intérpretes del medio o geoturísticos. Las nuevas tecnologías, códigos QR y Realidad Aumentada pueden replicar escenas históricas y geológicas o aportar información complementaria simplemente con el uso de un teléfono situado en una zona determinada, con o sin necesidad de escanear un "código QR".

El exterior tiene una amplia capacidad de carga para excursionistas, pues hoy es prácticamente cero, y un gran interés histórico, cultural y arqueológico-industrial. Por el contrario, la capacidad de carga del interior es muy baja, de modo que se debe acometer una gestión basada en la visita de grupos reducidos con guías o intérpretes especializados e infraestructuras de seguridad de muy bajo impacto para no degradar el ambiente de la mina. Las técnicas de ascenso y descenso propias de las vías ferratas son las más apropiadas para este tipo de actividad.

Finalmente, es necesaria una gestión estricta que trate a los elementos mineros como bienes arqueológicos de uso restringido y para ello tanto el Parque Nacional Picos de Europa como las autoridades locales (Ayto. de Camaleño) deben asumir la gestión. Estas instituciones son capaces de proveer y asegurar la formación necesaria para los guías e intérpretes, la información para visitantes del exterior, el mantenimiento de los bienes e infraestructuras de las minas, los permisos de uso y las frecuencias y periodos para las visitas acompañadas en el interior de la mina.

Todo ello se ajusta a la concepción geoturística de actividades que "sustentan y mejoran la identidad de un territorio, con valoraciones y actividades innovadoras", con "formatos de la información accesibles e inteligibles, provocando y despertando curiosidad, así como emoción" y haciendo que el visitante se implique y supere el "simple papel de espectador" (Declaración de Arouca, 2011).

Este futuro para la minería histórica presenta un potencial como recurso para la creación de puestos de trabajo especializados que beneficien a las poblaciones locales, sin implicar acciones agresivas con el medio, ni alteraciones que afecten a los modos de vida o a los ecosistemas del Parque Nacional.

7.3.1. La necesidad de un plan de uso para el patrimonio minero de Las Gramas

La existencia de un patrimonio industrial inserto en un medio natural y en un Parque Nacional implica la necesidad de afrontar su uso mediante la aplicación de técnicas y planes de gestión que garanticen su conservación, el buen uso de los recursos patrimoniales y la efectividad en el disfrute y aprendizaje de los usuarios sobre la historia y los paisajes del Parque Nacional. En particular es importante para el caso de la actividad minera abandonada que ha dejado una importante herencia patrimonial, hoy ya muy desdibujada pero aún visible para el excursionista o el turista.

La minería no es el principal foco de atracción para el visitante ni para la gestión desde un espacio natural protegido que cuenta con otros elementos singulares, principalmente su paisaje, su relieve, la geología o los reclamos turísticos en torno a la naturaleza. Por ello, es necesario establecer un plan de acción para el uso y aprovechamiento del patrimonio arqueológico industrial de Las Gramas en beneficio de los visitantes y de la sociedad local. Se trata de proponer un uso cultural y turístico mediante una actividad de bajo impacto basada en la visita e interpretación del ambiente minero y accesible desde los principales puntos turísticos (El Cable y el Hotel Refugio de Áliva). El objetivo es aportar un contenido cultural e histórico a los visitantes del Parque Nacional Picos de Europa y procurar potenciales actividades a las empresas de turismo activo locales. Un plan de acción para la Minería del sector de Las Gramas pasa por la activación de dos actividades complementarias y en ambientes muy diferenciados, como son los elementos subterráneos de la mina y el exterior.

a) Visita a la mina subterránea Las Gramas Altas (ES18). Esta actividad necesita de una adecuación de la mina a las visitas y supone un riesgo equivalente al de los recorridos por vías ferratas al exterior, pero sobre todo debe ser guiada y con acceso restringido (tabla 7.3). El posible itinerario y los elementos patrimoniales han sido ya descritos en el apartado 6.2.

MINA SUBTERRÁNEA			
Adecuación de la mina	Educación patrimonial	Seguridad	Mejora de accesos mediante elementos de seguridad espeleológicos. Establecimiento de elementos y puntos de seguridad. Técnicas de vías ferratas. Acceso con sistemas de instalación y desinstalación por expertos.
	Turismo cultural, activo, aventura	Interpre-tación	Visitas guiadas con intérprete o guía con una triple misión: velar por la seguridad del visitante y el buen uso de las técnicas de descenso y desplazamiento por la mina; explicar mediante técnicas interpretativas la estructura y funcionamiento de la mina, y su valor patrimonial; velar por la conservación de los elementos patrimoniales sin deterioro por las visitas y la limpieza de la mina evitando desperdicios o basura (papeles, comida, envoltorios, ropa) introducida por el visitante.
	Protección de elementos in situ	Conservación de elementos patrimoniales in situ para garantizar su estado y permanencia. Aplicación de técnicas de conservación sin extraer, mover o manipular fuera del lugar donde se encuentran. Sin adecuación museística.	
Uso y conservación	Acceso	Restringido y limitado. El acceso debe ser limitado a grupos reducidos guiados por expertos del parque o de empresas locales con licencia de acceso a la mina.	
	Nº de personas	Grupos muy reducidos: 3-4 personas por guía. Estancia en el interior de grupos individuales.	
	Entrada	Instalación de elementos de seguridad simples, fijos en el interior de la mina y portátiles en el acceso.	
	Actividad	Recorrido por las galerías, pozo y rampa de la mina, interpretación y observación guiados por un experto.	
Interpretación	Especialista	Explicación de la mina mediante técnicas de interpretación por expertos formados en la minería de los Picos de Europa y en técnicas de vías ferratas. No se trata de una actividad de aventura.	
	No cartelería	Sin instalación de cartelería, que en este ambiente de elevada humedad se deteriora y significa la intromisión de elementos extraños y fácilmente deteriorables. Deteriora el ambiente minero.	
	Carpeta, díptico, paneles	Documentación en papel o tela que porta el intérprete en el interior o se entrega a los visitantes (trípticos) con la información sobre la mina para consultar en el exterior, sin introducirlos en la mina, donde pueden pasar a ser desperdicios y basura.	
	M-learning	Aplicaciones para dispositivos móviles utilizables en el interior de la mina (no hay cobertura) o en el exterior. También disponibles en los centros de interpretación o turísticos.	

experiencia cultural que ofrece una nueva perspectiva, desde el interior, muy diferente a la obtenida desde el exterior. Esta debe ser regulada y guiada, y sólo accesible si se instalan los elementos de seguridad necesarios para acceder y transitar por la mina.

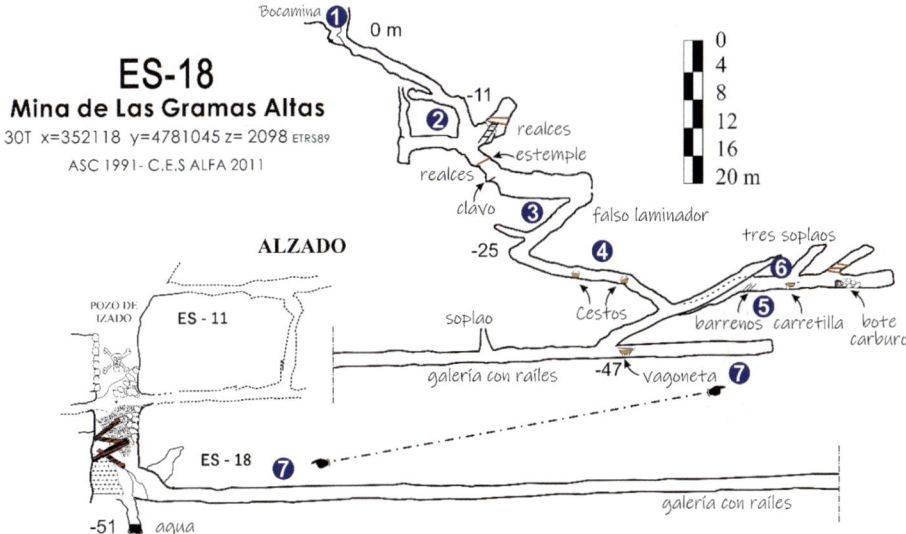

Figura 7.1. Alzado de la mina de Las Gramas Altas con los puntos de observación de la ruta descrita.

Las Gramas Altas-ES18			
Punto de observación 1	Acceso Mina Pozo vertical de 8 m	Profundidad (m)	0-3
Temas de observación	Geología	Estrato de calizas bituminosas, derrumbe Calizas Vetas de mineral	
	Minería	Extracción en el estrato Veta bolsada de calamina Galería en roca y pozo	
	Laboreo	Entibado Extracción de mineral.	
Elementos patrimoniales	Entibados Escombrera		

Figura 7.2. Acceso superior a Las Gramas Altas, galerías y pozo de acceso.

Las Gramas Altas-ES18				
Punto de observación 2	Tajos y tarimas		Profundidad m	11-14
Temas de observación	Geología	Calizas, brechas		
	Minería	Tajo de extracción		
		Galería de exploración secundaria		
		Cámara de extracción de calaminas		
	Laboreo			
Elementos patrimoniales	Plataformas y tarimas			
	Escaleras			
	Entibados			

Figura 7.3. Entibados, tarimas y acceso al tajo.

Las Gramas Altas-ES18				
Punto de observación 3	Rampa descendente		Profundidad m	14-25
Temas de observación	Geología	Techo: falso laminador		
		Paredes: cabalgamiento		
	Minería	Rampa en roca estéril estable		
		Recubrimiento de estériles		
		Galería de extracción secundaria		
	Laboreo	Transporte de mineral y estéril		
Elementos patrimoniales	Anclajes			
	Galería en rampa			

Figura 7.4. Izquierda, falso laminador excavado en estéril como rampa para transporte por gravedad. Derecha, galería.

Las Gramas Altas-ES18			
Punto de observación 4	Galería horizontal en estéril	Profundidad m	30
Temas de observación	Geología	Calizas, dolomías, brechas.	
	Minería	Acumulación de estériles y mineral Distribución del mineral por tolva	
	Laboreo	Comunicación Descargas de materiales hacia la rampa	
Elementos patrimoniales	Cestos llenos de calamina Tarimas parcialmente deterioradas Entibado		

Figura 7.5. Galería en estéril con acumulaciones de mineral y cestos para el transporte calaminas.

Las Gramas Altas-ES18			
Punto de observación 5	Tajos verticales	Profundidad m	34
Temas de observación	Geología	Calizas, dolomías, mineralizaciones	
	Minería	Realces y tajos de extracción Evacuación por gravedad	
	Laboreo	Extracción del mineral Transporte por carretilla y gravedad Nuevos tajos y avance en labores Barrenos	
Elementos patrimoniales	Testeros Tarimas Carretilla de madera Barrenos Bote de carburo		

Figura 7.6. Carretilla para transporte, barrenos y botes de carburo en la galería de estéril de acceso a los tajos.

Las Gramas Altas-ES18			
Punto de observación 6	Rampa desdoblada	Profundidad m	47
Temas de observación	Geología	Calizas	
	Minería	Rampa en estéril, estable Tolva de alimentación con tarimas	
	Laboreo	Transporte del material por gravedad	
Elementos patrimoniales	Tarimas deterioradas Tolva parcialmente destruída		

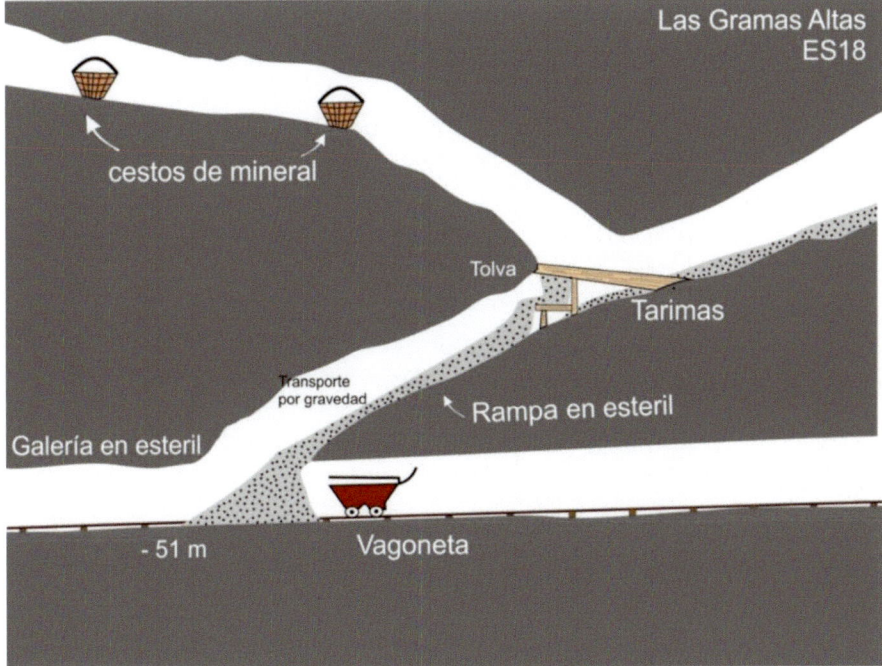

Figura 7.7. Rampas en estéril y tolva para el transporte por gravedad hacia la galería inferior.

Las Gramas Altas-ES18				
Punto de observación 7	Galería horizontal de extracción		Profundidad m	51
Temas de observación	Geología	Calizas Superficies de cabalgamiento Soplaos		
	Minería	Galería horizontal de 130 m, en estéril Zona mineralizada y labores de puntales		
	Laboreo	Carga de vagonetas Transporte del material Entibación y protección en soplaos Acceso a mineralizaciones y pozo de salida		
Elementos patrimoniales	Vagonetas por raíles Entibados			

Figura 7.8. Vagonetas y galería de estériles con raíles. Abajo, izquierda, pozo de vertido hacia cavidades kársticas y a la derecha pozo de salida del mineral.

7.3.3. Una ruta patrimonial: el complejo minero exterior

Se propone un itinerario excursionista que recorra los lugares más expresivos del complejo minero con el objetivo de conocer más y entender mejor la complejidad minera y los paisajes de la alta montaña de los Picos de Europa mediante un paseo largo y atento a las señales del terreno y del paisaje. No se trata de vincular esta actividad con las rutas turísticas patrimoniales, sino con el itinerario pedagógico. De hecho, ya la Institución Libre de Enseñanza, en su primera ruta pedagógica de 1883 recorrió las minas de los Picos de Europa, en este caso las de Ándara, como método de aprendizaje y experiencia educativa. Pero ahora es muy distinto, pues aquellas minas plenas de actividad, aquella montaña ocupada y frecuentada por los mineros y pastores, de duro trabajo y desigualdad, están abandonadas y son un patrimonio arqueológico industrial, donde sólo los turistas, excursionistas y alpinistas las recorren en verano. El complejo minero del Cueto de Las Gramas es un lugar muy poco frecuentado, donde la masificación y los equívocos en la elección del camino conducen a unos pocos excursionistas al entorno de la mina, además de algún alpinista que se dirige principalmente a las paredes de Altáiz y San Carlos. Es pues, un lugar apropiado para los excursionistas y turistas que se aproximan a los Picos de Europa, no desean la dureza de la alta montaña, pero si su belleza y expresividad y tienen inquietudes culturales por conocer el territorio que recorren en sus andanzas o actividades turísticas. Y también para el avezado alpinista que ha recorrido estos lugares sin prestar atención a su historia y a su territorio, más allá de un paisaje natural que le ofrece un ambiente excelso para el desarrollo de su actividad en la naturaleza.

Podemos considerar que esta ruta patrimonial (figuras 7.9 y 7.10) es una herramienta que agrupa elementos del patrimonio minero, cultural y natural, todos ellos relacionados entre sí con el hilo conductor de la mina, la interpretación y el goce mediante el conocimiento, enlazando a pie elementos singulares. Y todo ello vinculado a los servicios culturales y potenciales actividades turísticas en el territorio.

La ruta minera de Las Gramas

La ruta minera se inicia en la estación superior del teleférico de Fuente Dé (El Cable), desde donde parte el camino carretero minero que lleva a la Horcadina de Covarrobres. El ramal norte de la pista llega hasta La Vueltona en un recorrido muy frecuentado, de 2,5 km de distancia a recorrer en algo más de media hora, con un desnivel de 85 m que nos sitúan en la primera parada. Hasta este lugar ya se pueden apreciar formas de relieve derivadas de la geología, como las grandes paredes asociadas a la tectónica, los cabalgamientos que forman las paredes de Peña Vieja o el collado de la Horcadina de Covarrobres, alineado con la falla de Lloroza, al igual que los Hoyos y la canal de San Luis, y donde afloran las pizarras a techo de las Calizas de los Picos de Europa y a su vez cabalgadas por las mismas.

En el itinerario se recorren las formas de modelado glaciar y los lagos de Lloroza. La génesis de estos pequeños lagos son las morrenas frontales de un pequeño glaciar que formó un complejo morrénico frontal muy evidente en el que se alojan los lagos. Los avances y retrocesos del glaciar abandonaron diferentes arcos morrénicos visibles en la actualidad y por donde circulaba el antiguo sendero minero. Las formas periglaciares son muy expresivas y sobresalen los taludes de derrubios, acumulaciones de rocas arrancadas de las paredes por crioclastia y termoclastia y desplazadas por gravedad y la acción del hielo y la nieve. La pista los atraviesa y la elevada actividad actual genera su deterioro, sobre todo por los flujos de derrubios originados por corrientes repentinas de la masa de sedimentos por saturación de agua en periodos de fusión nival o lluvias intensas. También se aprecia, por debajo de la pista y al interior del complejo morrénico, un glaciar rocoso de pequeñas dimensiones y hoy inactivo. Todo ello son formas heredadas de las fases frías del Pleistoceno reciente. Además, el modelado kárstico es omnipresente y existe un itinerario ornitológico en la ruta a la Vueltona. Finalmente, las huellas de una minería dispersa salpican las laderas calcáreas durante casi todo el recorrido.

Figura 7.9. El complejo minero y Cueto de Las Gramas visto desde el oeste. En rojo la ruta propuesta. Los números señalan las paradas descritas.

Figura 7.10. El complejo minero de Las Gramas sobre el umbral glaciar entre las cubetas glaciokársticas de Hoyo Sin Tierra y Hoyos de Lloroza. En rojo la ruta propuesta. Los números señalan las paradas descritas.

1. La Vueltona

La pronunciada curva que realiza la pista minera da nombre a este paraje, donde ya se aprecian bocaminas y escombreras que señalan que nos encontramos en un ambiente minero (figuras 7.10 y 7.11). En este punto se bifurcan la pista carretera, que continua hacia el sur, y la senda minera que se dirige hacia las minas de La Canalona, el refugio de Cabaña Verónica y el collado de Horcados Rojos. La diversidad de elementos naturales conforma el paisaje, desde la variedad litológica, con calizas y dolomías, hasta los amplios conos de derrubios procedentes de las paredes de Peña Vieja que modelan las laderas en un dominio rocoso muy activo. En este contexto destacan los flujos de derrubios muy dinámicos, con grandes bloques dispersos por el entorno como testigos de esa dinámica natural. Es fácil diferenciar las acumulaciones procedentes de las caídas por gravedad desde las paredes, las aportadas por flujos más veloces, en tonos más claros, y las generadas por la minería, de menor envergadura, todas ellas acumuladas en la pequeña depresión kárstica de La Vueltona. Entre las paredes calcáreas del umbral glaciar se ubican algunas bocaminas de escaso desarrollo. Estamos en la entrada del complejo minero.

Parada	**1. La Vueltona**			Coordenadas	43°10´08´´N 4°48´55´´W
				Altitud (m)	1935
Distancia (km)	El Cable - La Vueltona		2,5	Desnivel (m)	85
Temas	Mineros	Bocaminas Escombreras			
	Geología	Calizas, varios tipos Brechas Dolomías			
	Geomorfología	Conos de deyección, flujos de derrubios, modelado glaciar			
	Paisaje	Alta montaña rocosa, calcárea y kárstica			
Elementos patrimoniales	Bocaminas Pista carretera				

Figura 7.11. La Vueltona, divisoria de caminos al sur del elevado cordal de Peña Vieja.

2. Grabados mineros

Sobre una placa calcárea natural en el camino de La Vueltona a la plaza de La Asturiana y a Fuente Escondida, existe un grabado inciso en el que se señala el nombre de la mina, "Mina de las Garamas" y diversos símbolos mineros – manos, círculos, semicírculos, letras o floreados- (figura 7.12). Anuncia el acceso al complejo minero poco antes de la bifurcación de las pistas. Unos metros más adelante, de nuevo un grabado inciso de lo que parece una figura minera señala que estamos en un ambiente minero. Es una representación de la actividad minera, que dejaba su huella en las paredes de las minas, pero también en el exterior. Símbolos, manos, letreros y perfectos semicírculos de compleja interpretación nos permiten introducirnos en el universo minero por medio de su expresión gráfica.

Desde este lugar, el paisaje se muestra completo y es posible una interpretación de las formas de relieve en las que se insertan las actividades mineras. Ante nosotros se alzan las paredes de la Peña Olvidada, frente cabalgante que genera los verticales muros de caliza. El cabalgamiento se realiza sobre la escama de El Cable, y entre ellas, la Horcadina de Covarrobres señala esa línea tectónica que tiene continuidad en el valle rectilíneo de la canal de San Luis, a nuestros pies. En él se aprecian las depresiones kársticas de los Hoyos de Lloroza, a su vez salpicadas de depresiones menores, las dolinas. Los Hoyos de Lloroza son una amplia depresión glaciokárstica generada a favor de la línea de falla que la surca de este a oeste.

Debajo de las grandes paredes de Peña Olvidada se encuentran las amplias pedreras formadas por los materiales que caen desde la pared por gravedad. Más abajo, hay un glaciar rocoso relicto, ya sin hielo ni actividad y heredado de hace más de 10.000 años (Serrano et al., 2012, 2017), que sugiere el pasado reciente, muy frío, pero sin glaciares. Finalmente, por debajo, los lagos de Lloroza muestran su belleza, atrapados entre muretes lineales. Son las morrenas frontales de unos pequeños glaciares que con su desaparición conformaron uno de los pocos conjuntos lacustres de los Picos de Europa, claramente de origen glaciar.

Parada	**2. Grabados mineros**		Coordenadas	43°09′54′′N 4°48′55′′W
			Altitud (m)	1980
Distancia (km)	El Cable-Grabados	3 (0,5 parcial)	Desnivel (m)	125 (40 parcial)
Temas	Mineros	Grabados		
	Geología	Calizas de montaña		
	Geomorfología	Relieve estructural y glaciokárstico		
	Paisaje	Paisaje glaciar y periglaciar de alta montaña calcárea		
Elementos patrimoniales		Placa con grabados mineros		
		Placa menor con grabado minero		

Figura 7.12. Arriba, grabado en el acceso al complejo minero. Abajo, a la izquierda, en la entrada de la plaza de La Asturiana; a la derecha, grabado en el cruce de pistas carreteras.

3. Plaza de La Asturiana

Una breve y suave subida y nueva bajada, una vez sobrepasadas las bifurcaciones de las pistas mineras que a la derecha nos llevan a Las Gramas de Arriba y Fuente Escondida, en 200 metros de distancia se llega a la plaza de La Asturiana: el centro más importante de la minería de Las Gramas. En el acceso podemos observar ya los restos de diferentes edificaciones y casetones con distintas funciones, como fragua, herrería, almacenes u oficinas (figura 7.13). Todo ello en un amplio rellano de escombrera que parte de la bocamina principal (figura 7.14). Una breve visita a esta galería por la que salía el mineral y los estériles de la mayor parte del complejo minero, permite una primera visión de la actividad minera subterránea. Esta parada nos aproxima a la complejidad de las explotaciones mineras, su organización e impacto paisajístico y ambiental, presente aún cerca de 100 años después de su cierre. Dispersos en la explanada y por las escombreras encontramos minerales como la calcita, dolomita, calamina, galena y esfalerita.

Parada	**3. Plaza de La Asturiana**		Coordenadas	43°09′51′′N 4°49′51′′W
			Altitud (m)	1990
Distancia (km)	El Cable- La Asturiana	3,2 (0,2 parcial)	Desnivel (m)	125 (0 parcial)
Temas	Mineros	Extracción, distribución, transporte y control. Estancia principal del complejo minero.		
	Geología	Calizas		
	Geomorfología	Karst, lapiaz		
	Paisaje	Paisaje minero inserto en la ladera glaciokárstica		
Elementos patrimoniales	Casetones			
	Útiles			
	Restos de infraestructura de transporte			
	Pistas mineras			
	Bocaminas			
	Grabado en placa de caliza			

Figura 7.13. Plaza de La Asturiana. Arriba, se aprecia la organización de las labores mineras de exterior en torno a la bocamina, así como el actual campamento espeleológico. 1, bocamina. 2, casetón para la fragua. 3, casetón principal. 4, almacén. 5, distribuidor de vagonetas en la escombrera. Abajo, detalle de las ruinas del casetón principal (izqu.) y el pequeño almacén a la entrada del complejo (dcha.).

Figura 7.14. Bocamina de la plaza de La Asturiana.

4. Las Gramas de Arriba (ES7, ES11)

Recorriendo de nuevo la pista minera para regresar hasta la primera bifurcación y tomar el ramal que se dirige al norte, ascendemos por la pista carretera en zigzag. En la última lazada, a la derecha, se observa el inicio del Camino Viejo de Las Gramas, camino mulero que llevaba a las proximidades de La Vueltona y a Lloroza cuando aún no existía el camino carretero. Lo retomamos en la parada 9. La pista está muy deteriorada en su parte final, donde se alcanza un nuevo sector minero, el de las Gramas de Arriba. En el camino se pueden observar bocaminas propias de las explotaciones previas al desarrollo de la minería subterránea y distintos tipos de sendas carreteras y peoniles en un ambiente minero. Se pueden visitar las bocaminas donde se aprecian las fallas y las mineralizaciones en su entrada.

En el collado accedemos a un emplazamiento minero, con la pista excavada en roca, la presencia de una plataforma y bifurcación hacia distintas bocaminas al este y al norte. 120 metros de pista bien conservada llevan hasta los socavones, escombreras y pozos de Las Gramas de Arriba (ES7). En esta parada se aprecia, al principio los restos del casetón minero más grande de la zona, y al final de la pista, la compleja estructura de la explotación minera (figura 7.15). Aquí hay varios pozos excavados y armados por los mineros, junto a depresiones y pozos naturales también usados para volcar el material y sacarlo mediante la acción de la gravedad por la galería que se ha visitado en la plaza de La Asturiana. Además, se aprecia el pozo para la extracción de mineral desde Las Gramas Altas y los accesos a las minas situadas a mayor altitud. Todo el conjunto de bocaminas y escombreras es muy inestable, con huecos sin protección muy peligrosos por lo que se exige prudencia. Si no se abandonan las pistas mineras, no existe riesgo de caída en las catas y bocaminas y se puede observar con seguridad todo el conjunto.

Parada	**4. Las Gramas de Arriba**		Coordenadas	43°09′59′′N 4°49′13′′W
			Altitud (m)	2065
Distancia (km)	El Cable- Las Gramas Altas	4,1 (0,92 parcial)	Desnivel (m)	210 (85 parcial)
Temas	Mineros	Centro exterior de distribución y extracción		
	Geología	Calizas de montaña Dolomías Fracturas Estratificación		
	Geomorfología	Karst, depresiones kársticas, lapiaces y simas Glaciar: pulimento y cubetas glaciokársticas		
	Paisaje	Minero de alta montaña glaciokárstica		
Elementos patrimoniales	Casetón (ruinas) Pistas mineras Bocaminas Extracciones Pozos			

Figura 7.15. Las Gramas de Arriba, escombreras, pistas y casetones. Abajo a la derecha, pozo armado para la extracción de mineral desde la galería de la ES18.

5. Senda peonil a Las Gramas Altas

Desde Las Gramas de Arriba una senda perdida enlaza con los restos bien conservados de una senda mulera construida mediante excavación y estructuras de mampuesto que alcanza la bocamina superior (figura 7.16). La jerarquía de las sendas y pistas se deduce de las necesidades, pues la pista carretera termina donde se extraían grandes cantidades de mineral y estéril, mientras esta senda solo servía para el acceso de mineros, herramientas y materiales para el avance en los tajos. En el camino se observa un área de tratamiento del mineral con un acopio de materiales de 90 m^2. Probablemente pueden ser anteriores a la mina principal. Desde este lugar, se sigue el camino mulero bien armado hasta la bocamina.

Parada	**5. Senda Gramas Altas**		Altitud (m)	2065-2090
Distancia (km)	El Cable - Gramas Altas	4,3 (0,15 parciales)	Desnivel (m)	245 (35 parciales)
Temas	Mineros	Trabajos exteriores, transportes, acceso a minas		
	Geología	Calizas de Montaña Dolomías Fracturas		
	Geomorfología	Kárstica: lapiaces, dolinas. Abrasión glaciar.		
	Paisaje	Minero de alta montaña glaciokárstica		
Elementos patrimoniales	Sendas peoniles Restos calcinados			

Figura 7.16. Acopio y sendas peoniles de acceso a Las Gramas Altas.

6. Bocamina Las Gramas Altas (ES18)

La senda nos deja en la bocamina de Las Gramas Altas (ES18) donde se aprecia la abertura siguiendo un estrato y el acceso horizontal, con algún entibado hasta un corto pozo vertical. La pequeña dimensión del acceso ya explica que era un ambiente de entrada para mineros y herramientas, pero no de salida, tratamiento o acopio del mineral, que se realizaban por las galerías internas de la mina. En el acceso se extiende una pequeña plataforma de estériles (figura 7.17), pues el mineral salía por el sector inferior de la mina en los pozos bien armados que se observaron en la parada 4 en una primera fase de explotación de la mina. Posteriormente, con la ampliación de las galerías subterráneas el mineral era evacuado por la galería principal de transporte de la plaza de La Asturiana. Todavía se conserva un amontonamiento de estériles preparado para la selección de mineral donde se puede prestar atención a la presencia de calaminas. Es el lugar ideal para entretenerse en la observación de los mismos y reflexionar sobre las labores y la vida del minero en los distintos periodos de actividad de la mina, pues en las tres fases de explotación señaladas anteriormente hubo actividad en las porciones altas del Cueto a más de 2000 metros de altitud.

Esta parada es el lugar idóneo para explicar, con la documentación apropiada, la estructura y funcionamiento interno de la mina (ES18), una vez vistas sus entradas alta y baja. En este lugar se puede obtener y explicar una idea global del trabajo en la mina, tanto al exterior como al interior, una vez visitados todos los puntos de interés. Es el sitio más elevado, 100 metros por encima de la plaza de La Asturiana y a 385 m en línea recta de la bocamina, lo que nos da idea de las dimensiones de los trabajos desarrollados en este espacio minero, tanto en horizontal como en vertical.

Situada por encima de los 2000 metros de altitud, se aprecia la dureza en el acceso y en el trabajo al exterior para los mineros en la alta montaña. Al roquedo y la altitud se suman las condiciones meteorológicas, las temperaturas frías durante la mayor parte de la temporada minera, derivadas de la altitud, que alternarían con el calor ahornagante de los meses centrales del verano, la exposición a los vientos y las inclemencias propias de la parte alta del Cueto de Las Gramas.

Parada	**6. Bocamina Las Gramas Altas**		Coordenadas	43°10′03′′N 4°49′09′′W
			Altitud (m)	2090
Distancia (km)	El Cable-Gramas Altas	4,4	Desnivel (m)	245
Temas	Mineros	Acceso a mina y trabajos exteriores		
	Geología	Calizas		
		Fracturación		
	Geomorfología	Kárstica: lapiaces, dolinas		
		Formas de abrasión glaciar		
	Paisaje	Minero de alta montaña glaciokárstica		
Elementos patrimoniales	Senda peonil			
	Acceso mina y entibados			

Figura 7.17. Escombrera y acceso a Las Gramas Altas.

8. Mirador cota 2105

Desde la bocamina de la ES18, una corta y fácil trepada lleva a una pequeña cumbre, la cota 2105. Desde la redondeada cima se tiene una magnífica vista de esta porción del Macizo Central de los Picos de Europa.

Desde esta pequeña cumbre se aprecia la parte superior del complejo minero que se ha recorrido, pero sobre todo se tiene una amplia visión del paisaje de alta montaña de los Picos de Europa (figura 7.18). En todo el panorama domina el modelado glaciar y glaciokárstico, donde las verticales paredes y aristas calcáreas conforman los altos circos de origen glaciar y la sucesión de umbrales, resaltes rocosos de varios centenares de metros de desnivel, y cubetas de sobreexcavación, en este caso denominadas glaciokársticas, por ser producto de la acción de la disolución de las calizas, probablemente con anterioridad a la presencia de los glaciares, y la erosión del hielo.

Al norte sobresale la panorámica sobre la cubeta glaciokárstica del Hoyo Sin Tierra, limitado por los umbrales rocosos donde se sitúa el refugio de Cabaña Verónica y las grandes paredes de origen tectónico que circundan el umbral glaciar en el que nos situamos. Al norte de la cubeta glaciokárstica se sitúan las zetas de la senda minera de La Canalona que discurre por un gran deslizamiento de ladera bajo las crestas de los Picos de Santa Ana.

Al sur se observan los Hoyos de Lloroza, el umbral glaciar que da paso al cantil de Fuente Dé, donde se vertían los hielos que pasaban por el Cueto y lo molduraban en rocas pulidas y redondeadas como la cima en la que nos encontramos.

A este y oeste, las grandes paredes de las cumbres principales y las laderas cubiertas por derrubios. Sobresalen los conos de derrubios de las paredes de Peña Vieja y Peña Olvidada, con las acumulaciones en forma cónica donde se aprecian los lóbulos y los flujos de derrubios que evocan la intensa dinámica actual de la alta montaña, donde nada está quieto, todo funciona con ritmos muy variados. En este contexto es en el que los restos de la minería, testigos de una actividad también muy intensa pero abandonada hace más de 100 años, igualmente se deterioran, cambian y desaparecen lentamente, inmersos en la dinámica natural donde la nivación, el hielo, la lluvia, los cambios térmicos y la gravedad alteran, erosionan y transportan los materiales presentes en el Cueto de Las Gramas.

Una espléndida visión del paisaje como resumen del itinerario, donde la explotación humana y el complejo minero se empequeñecen ante la inmensidad de los elementos naturales y de un paisaje natural en el que se insertan actividades humanas como la minería, en el pasado, y el turismo, en la actualidad.

Parada	**8. Mirador 2105**		Coordenadas	43°10′04′′N 4°49′10′′W
			Altitud (m)	2105
Distancia (km)	El Cable- Mirador	4,35 (0,05 parcial)	Desnivel (m)	255 (10 m parcial)
Temas	Mineros	Vista del complejo Las Gramas de Arriba		
	Geología	Calizas Cabalgamientos Fracturas		
	Geomorfología	Modelado glaciar: umbral, cubetas glaciokársticas y circos Formas de abrasión y molduración glaciar Relieve estructural y modelado kárstico: dolinas, lapiaces nivales, simas Conos de derrubios, flujos de derrubios y deslizamientos		
	Paisaje	Alta montaña calcárea, glaciokárstico.		

Figura 7.18. Paisaje desde la cota 2015, mirador sobre los Picos de Europa.

Figura 7.19. Paisaje invernal del Cueto de Las Gramas desde el sur (arriba), el oeste (centro) y el norte (abajo).

9. Camino Viejo de Las Gramas

Se regresa por el mismo camino, la senda y la pista hasta la penúltima curva antes de conectar con la principal (ver figuras 7.9 y 7.10). Allí parte una senda a la izquierda según se desciende. La senda hoy día está abandonada pues los escasos excursionistas ascienden por la pista carretera que en suaves lazadas sube hasta las Gramas de Arriba. La senda conserva los elementos propios de los caminos muleros y peoniles, con construcciones en mampostería, pequeñas excavaciones en la roca y un ancho de 1 a 1,50 m (figura 7.20). En las vaguadas, donde los trabajos y armados con mampuestos eran mayores, también el deterioro es mayor, pero la presencia de bloques trabajados y alineados señala la existencia de una senda construida para el paso de acémilas.

La senda acorta el itinerario de la pista carretera atajando a media ladera y trazando unas pendientes suaves, aunque más acusadas que la pista. Su construcción parece de una fase inicial de explotación, dado que la pista carretera la corta y deteriora en varias ocasiones, impidiendo enlazarla en su porción media y superior. La senda unía distintas catas y explotaciones menores que tienen pequeñas escombreras en su frente, propias de las primeras fases de explotación del mineral de Las Gramas. Es el Camino Viejo de Las Gramas, una de las primeras infraestructuras de transporte del complejo minero.

La senda enlazaba en un todo continuo los casetones de Lloroza con la ladera de Las Gramas de Arriba. Desde la pista desciende en diagonal por la ladera de La Vueltona, donde es interrumpida por la pista. Al otro lado, en breves lazadas previas a la construcción de la pista de La Vueltona, continúa hacia los lagos de Lloroza. El camino trazado discurría entre las morrenas y las lagunas estacionales de Lloroza, donde aún es visible entre las múltiples sendas improvisadas por excursionistas y turistas que se acercan a los lagos. En el final del camino se sitúan los restos del complejo minero y los casetones de Lloroza, del que dependía el complejo minero de Las Gramas. Si se observa atentamente se aprecian las ruinas de numerosos casetones donde durante las fases finales se localizaban las dependencias de gestión y alojamiento de los ingenieros de la mina (figura 3.1). Allí se alojó el rey Alfonso XII en 1883, en el casetón de la Real Compañía Asturiana. Desde Lloroza, se regresa por la pista carretera para alcanzar El Cable, donde finaliza el itinerario.

Parada	8. Senda peonil		Altitud (m)	2020-1900
Distancia (km)	El Cable- El Cable	8,5 (3,7 parcial)	Desnivel (m)	-255
Temas	Mineros	Transporte del mineral		
		Catas y bocaminas		
	Geología	Calizas		
		Fracturas en las calicatas		
		Cabalgamientos		
	Geomorfología	Formas glaciares		
		Relieve estructural		
		Modelado kárstico: dolinas, lapiaces nivales		
	Paisaje	Minero de alta montaña glaciokárstica		
Elementos patrimoniales	Senda mulera			
	Caminos armados			

Figura 7.20. Senda armada mulera. Camino Viejo de las Gramas.

VIII

CONCLUSIONES

La mina de Las Gramas constituye un sistema de explotación subterráneo formado por múltiples tipos de labores mineras que representan con precisión las operaciones llevadas a cabo durante las últimas décadas del siglo XIX y primeras del XX. El complejo minero estuvo formado por la mina, propiamente dicha, y un conjunto externo donde se realizaban los trabajos complementarios a la extracción del mineral –herrerías, transporte, selección de mineral, alimentación, cuidado de mulos y bueyes, descanso, etc.- y se desarrollaba la vida del minero. Están representados elementos exteriores que configuraban un paisaje minero por la alteración del medio (escombreras, hornos, construcciones, pistas, plataformas de trabajo) y elementos propios de las minas subterráneas, donde la extracción y transporte del mineral canalizaban todas las labores hacia las bocaminas principales, representada por la plaza de La Asturiana. Las labores de extracción y transporte interno basado en la gravedad y los sistemas innovadores, así como su inserción en la evolución minera del zinc de ámbito regional y nacional, junto a lo extraordinario de la minería de alta montaña y el uso de los soplaos para las labores mineras, hacen de la mina y el paisaje industrial minero de Las Gramas un patrimonio singular y de alto valor para el Parque Nacional Picos de Europa.

Las técnicas modernas de exploración espeleológica han permitido realizar el inventariado y cartografiado del amplio complejo minero subterráneo, describir y catalogar la morfología minera, los modos de explotación, los elementos conservados y su estado. La exploración y reconocimiento in situ ofrecen un conocimiento más detallado de la mina de Las Gramas, cotejado con las fuentes escritas, como modelo ejemplar de la minería de alta montaña en los Picos de Europa.

El complejo de Las Gramas ha permitido establecer varias fases principales en la configuración del paisaje minero.

- Un periodo inicial señalado por los grabados más antiguos y de los que desconocemos tanto el mineral extraído, que no serían las calaminas, como la estructura minera. Sería una etapa anterior a las leyes mineras de 1848 que abrieron los Picos a las explotaciones masivas.

- Entre 1860 y 1890 se inician las explotaciones principalmente a cielo abierto y mediante catas de escaso desarrollo, así como la construcción de las primeras infraestructuras de comunicación, sobre todo sendas muleras.

- Desde finales de la década de los 80 del siglo XIX domina la minería subterránea y los cambios en el paisaje son más profundos, con la construcción de numerosas infraestructuras (caminos carreteros, casetones, escombreras, pozos, galerías). Esta etapa comprende desde 1888 hasta su cierre a finales de la década de los 20 del siglo XX (1926-1929) y generó una profunda transformación a favor de las inversiones realizadas. En este segundo periodo se han diferenciado dos fases de trabajo en las minas subterráneas, una de inicio de las exploraciones y una segunda de expansión con el desarrollo de una minería subterránea y vertical siguiendo las menas y aprovechando los soplaos para evacuar el mineral por la plaza de La Asturiana.

Esta evolución apunta la complejidad del sistema minero, con cambios significativos en pocos años conforme a los avances técnicos, los descubrimientos de menas y los avatares políticos y financieros de una época convulsa. Y también la complicación del estudio detallado de la evolución minera más allá de las fuentes escritas. Complejidad que se ofrece al visitante y a los gestores como herramienta para la comprensión de los elementos de un paisaje singular, de superficie y subterráneo, hoy sin funcionalidad, pero muy presente en el territorio.

El abandono cercano ya a los 100 años ha deteriorado mucho los elementos superficiales, aunque aún son reconocibles. Los pozos, galerías y elementos mineros subterráneos se conservan en muy buen estado patrimonial, pero es un riesgo progresar por muchos de ellos. La mina es hoy un lugar peligroso y de difícil acceso, exceptuando unos pocos metros de la bocamina. Conforma, pues, un patrimonio industrial minero de gran valor histórico, cultural y paisajístico, pero su estado de conservación y peligrosidad dificultan su uso como recurso patrimonial utilizable con objetivos culturales, educativos y de desarrollo endógeno de las comunidades locales, como complemento al Parque Nacional y a la economía basada en el turismo. La excepción es la ES18, que presenta las condiciones para un uso adecuado y acorde con su conservación.

Por ello, se plantea su revalorización ligada a la comprensión de los paisajes mineros, en conexión con zonas próximas, como Áliva, y su uso mediante actividades guiadas por expertos en interpretación del patrimonio industrial y natural y la experiencia viva en la mina. Es posible adecuar algunas de las zonas menos peligrosas y más atractivas para posibilitar una experiencia directa espeleológico-minera en el marco de un turismo de aventura controlado. Este tipo de actividad permitiría la experiencia, el conocimiento y la valoración de los elementos mineros y del paisaje a aquellos visitantes del parque interesados en la historia de los Picos de Europa, y al tiempo la conservación de un patrimonio industrial singular del Parque Nacional Picos de Europa. No debemos olvidar que sólo el uso del patrimonio permite su conservación, de modo que su adecuación al turismo de aventura cumpliría el triple objetivo para un Parque Nacional, como son la promoción territorial, la conservación del patrimonio natural y cultural, en este caso industrial, y el uso público. Como patrimonio industrial singular de marcado significado paisajístico, se hace necesario que las autoridades locales y el Parque Nacional consideren el potencial turístico del complejo minero y la mina para su visita y disfrute.

IX

BIBLIOGRAFÍA

Ansola, A., Corbera, M., Cueto, G., Sierra, J. 2014. *Los caminos de Liébana. Transitando por su historia documental y arqueológica*. Montañas de Papel Ediciones, Santander.

Arbeo, P. 2018. *La Sociedad Económica de amigos del País de Liébana en el siglo XIX*. Bubok Publishing, Madrid.

Arce, B. 1879. *Acerca de los criaderos de calamina y blenda situados en los Picos de Europa y de la explotación que de los mismos hace la Sociedad Minera La Providencia*. Imprenta J.M. La Puente, Madrid.

Ballester, A., Verdeja, L. F., Sancho, J. P. 2000. *Metalurgia Extractiva: Fundamentos*. Vol. I, Ed. Síntesis, Madrid.

Bauzá, F. 1860. Visita de inspección al distrito de minas de Santander. En J.A. Gutiérrez Sebares. 2007. *El metal de las cumbres, historia de una sociedad minera en los Picos de Europa (1856-1940)*. Consejería de Medio Ambiente, Gob. Cantabria, Santander.

Benito del Pozo, P. 2002. Patrimonio industrial y cultura del territorio. *Boletín de la AGE*, 34, 213-227.

Beranová, L., Balej, M., Raška, P. 2017. Assessing the geotourism potential of abandoned quarries with multitemporal data (České Středohoří Mts., Czechia). *GeoScape*, 11(2), 93-111.

Brilha, J. 2014. Mining and Geoconservation. En G. Tiess G., T. Majumder, P. Cameron (Eds.). *Encyclopedia of Mineral and Energy Policy*. Berlin, Springer. doi: 10.1007/978-3-642-40871-7_9-1

Chastagnaret, G. 2001. L'Espagne et la formation de multinationales européennes des non ferreux. *Rives nord-méditerranéennes*, 9, 1-14. doi: 10.4000/rives.20

Coll y Puig, A.M. 1875. *Guía consultor e indicador de Santander y su provincia*. Imp. E. López Herrero, Santander.

Corominas, J., 1987. Breve diccionario etimologico de la lengua castellana. Editorial Gredos, Madrid.

Declaración de Arouca. 2011. International Congress on Geotourism Organizing Committee. 2011. *Declaración de Arouca*. https://www.dropbox.com/s/q41gbd0cp2nt73o/Declaration_Arouca_%5BEN%5D.pdf?dl=0.

Evans, B. G., Cleal, C. J., Thomas, B. A. 2017. Geotourism in an industrial setting: the South Wales Coalfield Geoheritage Network. *Geoheritage*, 10 (1), 93-107. doi:10.1007/s12371-017-0226-3.

Ezquerra del Bayo, J. 1845. Memoria sobre el estado de la minería del Reino en el fin del año de 1845, presentada al gobierno de S.M. por el director general del ramo. *Anales de Minas*, 4, Imprenta Espinosa, Madrid.

Fernández Prieto, J.A., Bueno, A. 2013. *Mapa de vegetación 1:10.000 del Parque Nacional Picos de Europa. Memoria de análisis global de la vegetación del Parque Nacional Picos de Europa*. OAPN, Madrid.

Fernández Ibáñez, C., Lamalfa, C. 2005. Manifestaciones rupestres de época histórica en el entorno de la cabecera del Ebro. *Munibe*, 57, 257-267.

Gadow, H.F. 1897. *In Northern Spain*. Adam and C. Black, Londres (Traducción al español: "Por la Montaña de Cantabria", CDESC-Gobierno de Cantabria, Santander, 2002).

García de Cortázar, J.A., Díez Herrera, C. 1982. *La formación de la sociedad hispano-cristiana del cantábrico al Ebro en los siglos VIII al XI: planteamiento de una hipótesis y análisis del caso de Liébana, Asturias de Santillana y Trasmiera*. Librería Estvdio, Santander.

Gómez Fernández, F., Claverol, M.G., Luque, C., Calvo, M. 2006. *La mina de Áliva. La blenda acaramelada de los Picos de Europa*. Bocamina, (17), 28-112.

Gómez Fernández, F., Both, R.A., Mangas, J., Arribas, A. 2000. Metallogenesis of the Zn-Pb carbonate-hosted mineralization in the Southeastern Region of the Picos de Europa (Central Northern Spain) Province. *Economic Geology*, 95, 19-40.

González García, M., Gómez Lende, M. 2011. La minería del Cornón y sus implicaciones geomorfológicas. En J.J. González y E. Serrano (eds.). *Geomorfología del Macizo Occidental del Parque Nacional Picos de Europa*, OAPN, Madrid, pp. 145-164.

González Pellejero, R., Sierra, J., Frochoso, M. 2001. Exploitation minière de haute montagne et histoire de l'environnement: les calcinations de minéral dans les Picos de Europa (Cantabria, Espagne). *Sud-Ouest Européen*, 11, 17-28.

González Trueba, J.J. 2007. *Geomorfología del Macizo Central del Parque Nacional de los Picos de Europa*. OAPN, Madrid.

González Trueba J.J., Serrano, E. 2007. *Cultura y naturaleza en la Montaña Cantábrica*. Universidad de Cantabria. Santander.

González Trueba, J.J., Serrano, E. 2010. *Geomorfología del Macizo Oriental de los Picos de Europa*. OAPN, Madrid.

Goudie, A. 2006. *The Human Impact on the Natural Environment*. Blackwell Publishing, Oxford.

Gutiérrez, C. 2016. Apuntes sobre la historia de la voz grama en español. *Studies in Hispanic and Lusophone Linguistics*, 9 (2), 275-298.

Gutiérrez Claverol, M. 2003. Actividades mineras. En *Parque Nacional de los Picos de Europa*. Canseco Editores, Talavera de la Reina, pp. 331-356.

Gutiérrez Claverol, M. 2018. La montaña de Covadonga fue minera. La actividad extractiva en el actual Parque de los Picos. *Nueva España*, 6 agosto 2018.

Gutiérrez Claverol, M., Luque Cabal, C. 2000. *La minería en Picos de Europa*. Ed. Noega SL, Gijón.

Gutiérrez Claverol, M., Gómez, F., Calvo, M., Luque, C. 2006. La mina de Aliva: la blenda acaramelada de los Picos de Europa. *Bocamina: Revista de minerales y yacimientos de España*, 17, 28-112.

Gutiérrez Sebares, J.A. 2007. *El metal de las cumbres, historia de una sociedad minera en los Picos de Europa (1856-1940)*. Consejería de Medio Ambiente, Gob. Cantabria, Santander.

Hoyo Aparicio, A. 1993. *Todo mudó de repente. El horizonte económico de la burguesía mercantil en Santander, 1820-1874*. Universidad de Cantabria-Asamblea Regional, Santander.

Hose, T.A. 2017. The English Peak District (as a potential geopark): mining geoheritage and historical geotourism. *Acta Geoturistica*, 8(2), 32-49.

Jiménez Alfaro, B., Alonso Felpete, J.I., Bueno, A., Fernández Prieto, J.A. 2014. Alpine plant communities in the Picos de Europa calcareous massif (Northern Spain). *Lazaroa*, 35, 67-105. doi: 10.5209/rev_LAZA.2013.v34.n1.43646

Jordá, L. 2008. *La minería de los metales en la provincia de Madrid: patrimonio minero y puesta en valor del espacio subterráneo*. Tesis Doctoral, E.T.S.I. Minas (UPM). doi: 10.20868/UPM.thesis.2061.

Jordá, L. 2017. Stability assessment of natural caves using empirical approaches and rock mass classifications. *Rock Mechanical Engineer*, 50, 2143-2154. doi: 10.1007/s00603-017-1216-0

Jordá, L., Martín Moreno, R., González, J.J. 2002. Minning and high mountain. Working and conservation. A practical case: Mánforas mine (Picos de Europa National Park, Spain). En *VI International Symposium on Cultural heritage in Geosciences. Mining and metallurgies*. Idrija, Slovenja, pp. 27-39.

Jordá, L., Martín García, R., Alonso Zarza, A.M., Jorda, R., Romero, P.L. 2016a. Stability assessment of shallow limestone caves through an empirical approach: application of the stability graph method to the Castañar cave study site (Spain). *Bulletin Engineer Geology and Environment*, 75, 1469-1483. doi:10.1007/s10064-015-0836-4

Jordá, R. 2016. *Inventario y propuesta de puesta en valor del patrimonio geológico-minero de las minas del Macizo Central de los Picos de Europa (Cantabria)*. Tesis Doctoral, Universidad Complutense de Madrid, Madrid.

Jordá, R., Durán, J.J., Jordá, L. 2008. Patrimonio Subterráneo de las minas y entorno de Áliva (Cantabria), primeros resultados. En *II Congreso Español de Cuevas Turísticas*. Cuevatur, Santander, pp. 285-294.

Jordá, R., Jordá, L. 2011. Propuesta de itinerario geominero en las minas de Áliva (Parque Nacional de Picos de Europa, Cantabria). *De Re Metallica*, 16, 31-42.

Kubalíková, L. 2013. Geomorphosite assessment for geotourism purposes. *Czech Journal of Tourism*, 2(2), 80-104. doi: 10.2478/cjot-2013-0005.

Kubalíková L. 2017. Mining landforms: an integrated approach for assessing the geotourism. *Czech Journal of Tourism*, 2, 131-154.

Kuschick, I. 2009. Etnografía de la zona minera vizcaína. *Kobie*, 10, 13-72.

Lóczy, D. 2010. Anthropogenic geomorphology in environmental management. En J. Szabó, L. Dávid, D. Loszy (Eds.). *Anthropogenic Geomorphology. A guide to man-made landforms*. Springer, London, pp. 25-38.

López García, J. A., Oyarzun, R., Andrés, S.L., Martínez, J.I. 2011. Scientific, educational and environmental considerations regarding mine sites and geoheritage: a perspective from SE Spain. *Geoheritage*, 3(4), 267-275.

Maestre, A. 1864. *Descripción física y geológica de la provincia de Santander*. Junta General de Estadística, Madrid.

Marquínez, J.1978. Estudio geológico del sector SE de los Picos de Europa (Cordillera Cantábrica, NW de España). *Trabajos de Geología*, 10, 295-310.

Marquínez, J. 1989. Síntesis cartográfica de la región de Cuera y los Picos de Europa. *Trabajos de Geología*, 18, 137-144.

Martínez García, E., Marquínez, J. 1984. *Hoja Geológica Nº56 (Carreña–Cabrales) del Mapa Geológico de España, Esc. 1:50.000 (2ª Serie)*. Instituto Geológico y Minero de España, Madrid.

Mata Perelló, J., Carrión, P., Molina, J., Villas, R. 2017. Geomining heritage as a tool to promote the social development of rural communities. En E. Reynard & J. Brilha (eds.). *Geoheritage: Assessment, Protection and Management*. Elsevier, Amsterdam, pp. 167-177.

Mazarrasa, J.M. 1930. Estudio de los criaderos minerales de la provincia de Santander. *Boletín Oficial de Minas, Metalurgia y Combustibles*, Año XIV, nos159, 160, 161.

Mossa J., James L.A. 2013. Impacts of mining on geomorphic systems. En J.F. Shroder (ed.). *Treatise on Geomorphology*. Academic Press, San Diego, pp. 74-95.

Odriozola, J.A. 1978. La toponimia del Macizo Oriental de los Picos de Europa. *Torrecerredo*, dic-78, 51-69.

Odriozola, J.A. 1980. *El Macizo Oriental de los Picos de Europa. Ándara*. FEM, Madrid.

Odriozola, J.A. (ed.). 1985. *Por los Picos de Europa desde 1881 a 1924. Monografía por el Conde de Saint Saud*. Ayalga ediciones, Salinas.

Ortega Valcárcel, J. 1986. *Cantabria 1886-1986. Formación y desarrollo de una economía moderna*. Librería Estvdio, Santander.

Ortega Valcárcel, J. 1992. Liébana: la excepción y la regla en la montaña. En F. Gomarín (coord..), *La vida cotidiana en una aldea lebaniega (siglos XVIII y XIX)*. Universidad de Cantabria, Santander.

Pidal, P., Zabala, J.F. 1918. *Picos de Europa. Contribución al estudio de las montañas españolas*. Club Alpino Español, Madrid.

Plan Nacional de Patrimonio Industrial. 2011. Dirección General de Bellas Artes y Bienes Culturales, IPCE Ed., Madrid.

Pralong, J.P. 2005. A method for assessing tourist potential and use of geomorphological sites. *Géomorphologie: relief, processus, environnement*, 1(3), 189-196.

Pralong, J. P., Reynard, E. 2005. A proposal for a classification of geomorphological sites depending on their tourist value. *Il Quaternario. Italian Journal of Quaternary Sciences*, 18(1), 315321.

Rivas Martínez, S., Díaz, T.E., Fernández Prieto, J.A., Loidi, J., Penas, A. 1984. *La vegetación de la alta montaña cantábrica. Los Picos de Europa*. Ed. Leonesas, Madrid.

Rodríguez, L.M., Luque, C., Gutiérrez Claverol, M. 2006. Los registros mineros para sustancias metálicas en Asturias. *Trabajos de Geología*, 26, 19-55.

Rodríguez Fernández, L.R. (dir.). 2010. *Parque Nacional de los Picos de Europa: guía geológica*. OAPN, IGME, Madrid.

Saint Saud, A. d´Arlot. 1922. *Par les Picos de Europa. Depuis 1881 à 1924*. CAF, Burdeos.

Sánchez Alonso, J.B. 1990. *Historia y guía geológico-minera de Cantabria: rocas, minerales, carbón, petróleo, aguas*. Ediciones Estvdio, Santander.

Sánchez Benítez, J. 2009. Campaña Picos de Europa 2009. *Karaitza,* 19, 44-49.

Sánchez Benítez, J. 2021. *Picos de Europa 2021. Memorias de las exploraciones Camaleño 2021*. CES ALFA, Madrid.

Sánchez Benítez, J. 2022a. *Picos de Europa 2022. Memorias de las exploraciones Camaleño 2022*. CES ALFA, Madrid.

Sánchez Benítez, J. 2022b. *Inventario de las cavidades del sector de Camaleño, Picos de Europa*. CES ALFA, Madrid.

Sancho, J.P., Verdeja, L. F., Ballester, A. 2000. *Metalurgia Extractiva: Procesos de obtención*. Vol. II, Ed. Síntesis, Madrid.

Santos Briz, G. 2016. *Turismo en Áliva y Fuente Dé. El teleférico (1966-2016)*. Montañas de Papel ediciones, Santander.

Santos Briz, G. 2018. *La minería en el Concejo de Espinama*. Ayuntamiento de Camaleño, Espinama. En: http://www.espinama.es/historia/mineria1.html (consulta, 16 julio 2018).

Schuchová, K., Lenart, J. 2020. Geomorphology of old and abandoned underground mines: Review and future challenges. *Progress in Physical Geography: Earth and Environment*, 44 (6), 791-813. doi: 10.1177/0309133320917314

Schuchová, K., Lenart, J., Miklín, J., Horáček, M. 2023. Abandoned underground mines in Nízký Jeseník Upland (Czechia). *Journal of Maps*, 19:1, 2175733. doi: 10.1080/17445647.2023. 2175733

Schulz, G. 1845. Breve reseña de las minas de la Provincia de Santander. *Boletín Oficial de Minas*, 17, 198-202.

Serrano E., González Trueba J.J. 2005. Assessment of geomorphosites in protected natural areas: the Picos de Europa National Park (Spain). *Geomorphologie*, 3, 197-208. doi: 10.4000/geomorphologie.364.

Serrano, E., González, J.J., González, M. 2012. Mountain glaciation and paleoclimate reconstruction in the Picos de Europa (Iberian Peninsula, SW Europe). *Quaternary Research*, 78, 303-314. https://doi.org/10.1016/j.yqres.2012.05.016

Serrano, E., González, J.J., Pellitero, R., González, M., Gómez Lende, M. 2013. Quaternary glacial evolution in the Central Cantabrian Mountains (Northern Spain). *Geomorphology*, 196, 65-82. https://doi.org/10.1016/j.geomorph.2012.05.001

Serrano, E., Gonzalez, JJ., Pellitero, R., Gómez Lende, M. 2017. Quaternary glacial history of the Cantabrian Mountains of northern Spain: a new synthesis. En Hughes, P. D. y Woodward, J. C. (eds.). *Quaternary Glaciation in the Mediterranean Mountains*. Geological Society Special Publications 433, London, pp. 55-85.

Serrano, E., González Amuchastegui, M.J. 2020a. Cultural heritage, landforms, and integrated territorial heritage: the close relationship between tufas, cultural remains and landscape in the Upper Ebro Basin (Cantabrian Mountains, Spain). *Geoheritage*,12, 86. Doi: 10.1007/s12371-020-00513-z.

Serrano, E., González Amuchastegui, M.J., Ruiz Pedrosa, R. 2020b. *Patrimonio natural y geomorfología. Los lugares de interés geomorfológico del Parque Natural del Cañón del Río Lobos.* Universidad de Valladolid, Valladolid.

Szabó, J., Dávid, L., Loczy, D. (eds.). 2010. *Anthropogenic Geomorphology. A Guide to Man-Made Landforms*. Springer, Dordrecht/Heidelberg/London/New York.

Villa, E. 2023. Torre de Las Minas de Carbón (Picos De Europa). El origen de un nombre engañoso. *Revista Ilustrada ee Alpinismo "Peñalara"*, 583, 41-43.

VVAA. 2011. Geomorfología del Macizo Occidental del Parque Nacional Picos de Europa. OAPN, Madrid.

VVAA. 2017. Los hornos de Ojedo. En http://www.valledeliebana.info/historias/hornosojedo.html, (Consultado 12/09/2018).

VVAA. 2018. Historia de la minería en los Picos de Europa (apuntes). En https://fuentedesomave.com/historia-minera-en-los-picos-de-europa/ (Consultado 17/09 /2018).

VVAA. 2021. Geomorfología del Parque Nacional Picos de Europa. OAPN, Madrid.

X

GLOSARIO

Diminutivos utilizados: Min., minero. Geol., geológico. Geom., geomorfológico. Espeleo., espeleológico.

Acumuladero
Min. Áreas para el acopio de minerales o de ganga.

Arriero
Min. Persona que conduce y se ocupa de mulas y animales de transporte.

Baritina
Geol. Sulfato de bario ($BaSO_4$), mineral muy abundante como ganga de los sulfuros en los filones, de color blanco, aspecto hojoso y bastante denso.

Barrenado
Min. Acción de perforar mediante taladros y colocar los explosivos (dinamita).

Barrenero
Min. Persona que se ocupa de perforar taladros en la roca y colocar en su interior el explosivo. Es frecuente trabajar en parejas, dado que el equipo de perforación es bastante pesado.

Blenda
Geol. Sulfuro de zinc (ZnS). Mena principal del zinc, es sinónimo de esfarelita.

Blenda acaramelada
Geol. Sulfuro de zinc (ZnS). Variedad parcialmente transparente de esfalerita.

Bocamina
Min. Entrada de la mina por galería.

Bolsada
Min. Zona de aparición de minerales en forma arriñonada, no en vetas.

Brecha
Geol. Roca compuesta por fragmentos angulosos y matriz. Puede haber brechas sedimentarias, tectónicas y volcánicas.

Cable
Min. Denominación local para los teleféricos mineros usados para el transporte del mineral y los materiales necesarios para la mina. Se trata de un cable con cangilones en los que se transportaba el mineral. Por extensión, hoy al teleférico de Fuente Dé se le denomina "El Cable".

Calamina
Min. Mezcla de minerales de alteración de zinc, las calaminas derivan de carbonatos de zinc, Smithsonita ($ZnCO_3$) e Hidrocincita ($Zn_5(CO_3)_2(OH)_6$); así como silicatos de zinc, Willemita ($Zn_2(SiO_4)$ y Hemimorfita ($Si_2(OH)_2$). La calamina es la mena principal de Las Gramas, con un 54% de zinc.

Calcinación
Min. Técnica de separación del mineral de la ganga basada en el calentamiento a temperatura elevada que genera la descomposición térmica o un cambio de estado en su constitución física o química.

Calcita
Geol. Mineral formado por carbonato cálcico ($CaCO_3$), pertenece al grupo de los carbonatos y es el principal mineral de las rocas calizas.

Calicata
Min. Abertura a modo de trinchera para la extracción de los minerales de una veta que aflora en superficie.

Caliza
Geol. Roca compuesta por calcita ($CaCO_3$) de origen sedimentario. Puede contener impurezas, en pequeñas cantidades, como arcilla, hematites o cuarzo.

Camino carretero
Min. Pista destinada a carretas con construcción del firme, excavaciones y obra de mampostería en los laterales, arroyos y depresiones.

Camino mulero

Min. Senda destinada a las mulas, con pequeñas excavaciones y obras de mampostería sobre vaguadas o arroyos.

Camino peonil

Min. Senda destinada a peatones con escasa obra de mampostería.

Capataz

Min. Persona a cuyo cargo está la supervisión y control del trabajo de los equipos de mineros y de las operaciones con maquinaria.

Carbonífero

Geol. Periodo geológico de la era paleozoica, que comprende desde hace 360 millones de años hasta hace 286 millones y se ubica entre los periodos Devónico, más antiguo y Pérmico, más reciente.

Carburo

Min. Carburo de calcio (CaC_2), utilizado para la iluminación en las minas mediante una llama muy luminosa producida por la ignición del gas acetileno (C_2H_2) generado por la reacción química del carburo de calcio con el agua.

Carretillas

Min. Carro pequeño de tracción manual, generalmente de madera y con una sola rueda, un cajón para la carga y dos varas para dirigirlo, utilizado en las minas para trasladar el mineral.

Casetón

Min. Edificio principal construido en piedra y destinado a diferentes labores mineras como dirección, administración, talleres, comedores, cocinas o dormitorios.

Circo glaciar

Geom. Forma de tendencia semicircular elaborada por la erosión glaciar en los sectores de cabecera y acumulación del hielo.

Criadero

Min. Depósito de metales o minerales de la corteza terrestre de interés económico y susceptible de ser aprovechados.

Criba de palanquín

Min. Instrumento formado por un brazo con una superficie con rejillas en uno de los extremos, que era introducido mediante un movimiento de palanca en un cajón de mayor superficie con agua usado para separar o decantar los minerales, ordenándolos en capas según su densidad.

Cubeta glaciokárstica
Geom. Depresión cerrada elaborada por la acción conjunta de la erosión glaciar y la disolución de las calizas por el agua.

Dolina
Geom. Depresión generada por la disolución de las calizas por el agua sin corrientes de agua en superficie.

Dolomía
Geol. Roca de origen sedimentario, diagenético e hidrotermal, compuesta dominantemente por dolomita -carbonato cálcico y magnesio [$CaMg(CO_3)_2$]-. Suele contener impurezas muy variadas en pequeñas cantidades, como hierro, manganeso, cobalto, plomo o zinc.

Dolomita
Geol. Mineral compuesto de carbonato de calcio y magnesio [$CaMg(CO_3)_2$]. Se produce por la sustitución por intercambio iónico del calcio por magnesio en determinadas condiciones durante la sedimentación, la litogénesis o procesos hidrotermales.

Dryas
Geol. Periodo climático que tuvo lugar hace entre 14.000 y 12.000 años. Se caracteriza por las condiciones frías tras un calentamiento al final de la última glaciación. Su nombre procede de la especie vegetal alpina Dryas octopetala, adaptada a condiciones frías y que caracteriza los diagramas polínicos de este periodo.

Entibación
Min. Refuerzo del techo y paredes de una galería minera mediante madera.

Escalas
Min. Peldaños y escaleras de madera para acceder a las labores, tajos, testeros y plataformas mineras.

Escombrera
Min. Acumulación de rocas de la mina que no contienen mineral beneficiable.

Esfalerita
Geol. Sulfuro de zinc (ZnS). Mena principal del zinc, la blenda acaramelada es
una esfalerita.

Estemple
Min. Maderos que sirven para entibar.

Estéril
Min. Roca que no contiene mineral de interés o bien productos desechados del
tratamiento del mineral por carecer de valor económico.

Estrío
Min. Selección a mano de los minerales, realizada normalmente por mujeres en
el exterior de la mina.

Flotación
Min. Proceso físico-químico de separación de minerales basado en las diferentes
propiedades superficiales de cada uno de ellos.

Fraccionamiento
Espeleo. Anclaje a la roca y nudos que evitan el roce de la cuerda con el sustrato
y permiten el ascenso y descenso por la misma. Cuando se asciende o desciende
por la cuerda y se llega a un fraccionamiento es preciso anclarse a él y cambiar
los aparatos de subida o bajada, según el caso, al otro tramo de cuerda.

Fractura
Geol. Rotura de la masa rocosa por el comportamiento frágil de la roca con
desplazamiento (fallas) o sin el (diaclasas).

Galena
Geol. Sulfuro de plomo (PbS), es la principal mena de ese metal.

Galería
Min. Apertura en la roca para acceder a la zona mineralizada. Normalmente en
terreno estéril, comunica diferentes partes y cámaras de la mina. Es frecuente que
su sección sea cuadrada o en herradura.
Espeleo. Conducto o cavidad horizontal de carácter natural.

Galería de arrastre
Min. Galería por debajo de una zona de trabajo destinada a la acumulación del
mineral en tolvas, cargarlo en vagonetas y sacarlo al exterior.

Ganga
Min. Mineral presente en la mena no interesante o beneficiable por carecer de valor o utilidad. Por ejemplo, la calcita o la baritina no se explotaba en estas minas y aparece asociada a los minerales de zinc y plomo, y se deshecha a la escombrera.

Guía horizontal
Min. Galerías que mantienen el seguimiento de las vetas.

Guía cruzada
Min. Galerías que cruzan las vetas.

Holoceno
Geol. Periodo de la escala de tiempo geológica que corresponde al final del Cuaternario y comprende los últimos 11.700 años, incluida la actualidad.

Kamenitza
Geom. Forma kásrtica generada por la disolución del carbonato cálcico de la roca caliza que genera pequeñas depresiones de fondo plano, de centimétricas a métricas, sobre superficies planas.

Karst
Geom. Sistema de procesos y formas de relieve asociados a la presencia de rocas calizas y a su disolución.

Laboreo
Min. Se dice del trabajo en las minas.

Laminador
Espeleo. Galería cuyo techo sigue el buzamiento de un estrato.

Lapiaz
Geom. Superficie rugosa en rocas calizas generada por la disolución de los carbonatos de la roca.

Mena
Min. Las masas de agregados minerales o rocas de las se pueden extraer metales con beneficio económico.

Metalurgia
Min. Partición del mineral extraído y separación de la ganga mediante trituración, molienda, calcinación, tostación o flotación.

Mina
Min. Hueco hecho en la roca, en superficie (a cielo abierto) o subterráneo, para extraer mineral.

Mineral
Geol. Sustancia inorgánica natural, que posee estructura atómica y composición definida.

Mineralización epigenética
Geol. El depósito de mineral se forma después de la roca en la que se aloja.

Mineralización hidrotermal.
Geol. Precipitación de minerales a partir de fluidos calientes, derivados de la intrusión de magma, el metamorfismo o la circulación de agua subterránea en contacto con rocas calientes, que circulan por las fracturas y espacios porosos de las rocas.

Mineralurgia
Min. Separación de la mena o elemento combinado y la ganga o estéril, triturando hasta casi polvo y extrayendo el mineral mediante agua, gravedad o procesos físico-químicos.

Minería
Min. Conjunto de procesos para la extracción, procesado y transporte de minerales u otros materiales geológicos de la Tierra, que poseen interés económico y se obtienen en yacimientos, filones, vetas, arrecifes o depósito de placer.

Molienda
Min. Proceso físico de trituración y reducción del tamaño de las rocas para obtener los minerales.

Morrena
Geom. Forma de acumulación glaciar en montículos, crestas y arcos generados por la acción de los glaciares al depositar en los laterales, el frente y su fondo los sedimentos que transportan.

Muchacho
Min. Trabajador de la mina muy joven dedicado a tareas complementarias del minero.

Pérmico
Geol. Último periodo geológico de la era paleozoica, que abarca desde hace 286 millones de años hasta hace 245 millones de años y se ubica entre el Carbonífero, más antiguo y el Triásico, más reciente.

Plaza
Min. Espacio abierto y llano a la salida de las bocaminas destinada a trabajos del exterior.

Pleistoceno
Geol. Periodo de la escala de tiempo geológica perteneciente al Cuaternario comprendiendo entre 2.590.000 y 11.700 años. Se caracteriza por la alternancia de periodos glaciares, fríos con descensos del nivel del mar, e interglaciares, templados con ascensos del nivel del mar.

Poljé
Geom. Depresión natural generada por la disolución de las calizas, con un fondo plano, relleno por acillas de descalcificación, que contiene una corriente de agua superficial y un sumidero o ponor.

Pozo
Min. Hueco vertical natural o artificial, se sección circular o cuadrada. Se denomina así a las galerías verticales excavadas en la roca, sin tratamiento de las paredes o con obra de mampostería.

Rampas
Min. Galerías mineras inclinadas para el transporte del mineral.

Ranchero
Min. Trabajador de la mina encargado de llevar el rancho o comida a los mineros.

Realce
Min. Técnica de extracción del mineral ascendente mediante franjas horizontales o verticales.

Roca
Geol. Material sólido de la corteza terrestre formado por la agregación natural de uno o más minerales.

Roca pulimentada
Geom. Superficie del sustrato bruñida por la acción de abrasión de la erosión glaciar.

Sima
Geom. Cavidad natural, kárstica y vertical.

Socavón
Min. Galería que empieza en una bocamina.

Soplao
Min. Cavidad natural, kárstica, vertical u horizontal intersectada por una galería minera y que genera una corriente de aire.

SRT
Espeleo. Técnica espeleológica para el ascenso y descenso en técnica de cuerda simple (SRT por sus siglas en inglés, "Single rope technique").

Tajo
Min. Zona de trabajo en la mina, normalmente asociado a una cuadrilla de varios mineros, incluyendo entibadores, barrenadores, carretilleros y ayudantes.

Testero
Min. Técnica de trabajo en mina a modo de escalera invertida. Cada minero se sitúa sobre una plataforma con un hueco bajo él de modo que hacia arriba hay varios mineros picando, pero ninguno arroja material al inferior.

Till
Geom. Depósito sedimentario generado por un glaciar que se caracteriza por la hetereometría de los materiales, desde arcillas a grandes bloques, la ausencia de estructura y las formas aristadas de las gravas, cantos y bloques. Las morrenas están constituidas por till.

Tostación
Min. Técnica minera para la transformación de ciertas menas metálicas, es un proceso metalúrgico para la separación del mineral y la ganga que implica reacciones sólido-gas a temperaturas elevadas.

Tolva
Min. Estructura para acumulación de mineral con una trampilla inferior para cargar vagonetas.

Umbral glaciar
Geom. Forma de modelado de erosión glaciar que configura un resalte pronunciado en un valle. Es característico de los valles con perfil escalonado propios de la acción glaciar y que alterna entre dos cubetas de sobreexcavación glaciar.

Yacimiento
Min. Porción de la corteza terrestre donde hay una acumulación o concentración natural de minerales con intereses económicos y susceptibles de ser aprovechados.

Vagoneta
Min. Cajón de metal con ruedas sobre raíles para el transporte de mineral.

Veta
Min. Zona mineralizada de forma tabular.

Volcador
Min. Estructura para inclinar y vaciar una vagoneta normalmente en el exterior.

Zona de estrío
Min. Zona de separación del mineral al exterior.

AGRADECIMENTOS

El origen de este libro se encuentra en las campañas espeleológicas que desde 1991 realiza el CES Alfa en el sector de Camaleño de los Picos de Europa y en la exploración de las minas de Las Gramas y Fuente Escondida. En dichas exploraciones han intervenido numerosos espeleólogos de diferentes asociaciones y colectivos, especialmente el grupo francés ASC (Association Spéléologique Charentaise), así como el Grupo Espeleológico de Geológicas (GEG), Club Abismo Grupo Espeleológico (C Abismo GE) y diversas participaciones individuales, todos ellos entregados en la exploración de cavidades y también de la mina de Las Gramas.

Queremos agradecer el apoyo, la labor y entusiasmo de nuestros compañeros Rafa Coronado, Ana Camarero, Pablo Millán, Miguel Millán, Macarena Moral, Francisco Pando, Carmen Herminia, Sergio Estrigana, Marta Gutiérrez y Juan Manuel López por su apoyo técnico, sin olvidar un largo etcétera de colaboradores habituales y ocasionales, mencionados e incluidos en las memorias anuales, sin los cuales no hubiera sido posible este trabajo de documentación subterránea. También deseamos expresar nuestro reconocimiento y gratitud a los compañeros franceses, muy especialmente a Bernard Hivert, quien además nos ha cedido algunas fotos del libro, así como a Olivier Gerbaud, Raphaël Geneau y Éric Guillem, entre otros que han colaborado en la exploración a lo largo de los últimos veinte años.

A Ediciones Universidad de Valladolid y su equipo técnico por la acogida para la edición del libro y el asesoramiento en la edición y contenido que sin duda han contribuido a mejorarlo. También deseamos agradecer la atención y ayuda prestada en los archivos consultados, el Archivo de la Real Compañía Asturiana de Minas (Arnao, Asturias), el Archivo del Fondo Mina Reocín de la Biblioteca de la Escuela Politécnica de Ingeniería de Minas y Energía de la Universidad de Cantabria (Torrelavega, Cantabria) y el Archivo Histórico Regional del Gobierno de Cantabria (Santander, Cantabria).

Los trabajos de campo han sido organizados y renovados anualmente por el CES Alfa con el aval y reconocimiento de las federaciones Asturiana, Cántabra y Madrileña, así como de los diversos organismos públicos que, teniendo competencia en la autorización de los mismos, se han interesado por estos trabajos y nos han mostrado su apoyo: el Gobierno de Cantabria, el municipio de Camaleño y el Parque Nacional Picos de Europa.

Los trabajos de campo forman parte de los proyectos PID2020-113247RBC21, del Ministerio de Ciencia e Innovación, así como del Grupo de Investigación Reconocido de la Universidad de Valladolid "Patrimonio Natural y Geografía Aplicada" (GIR Pangea) y del Grupo de Investigación en "Mecánica de Rocas e Ingeniería Geotécnica" de la Universidad Politécnica de Madrid, así como diversos proyectos de OAPN entre los años 2011 y 2016.